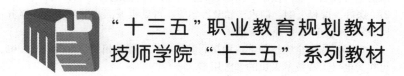

"十三五"职业教育规划教材

技师学院"十三五"系列教材

电气控制技术与应用

主　编　陈顺岗

副主编　吴　刚　吴　鹤　赵建新

参　编　王　云　解林岗　卢　杰

机械工业出版社

本书主要内容包括电气控制基本知识、典型环节的电气控制、典型机床的电气控制、电气控制线路的设计。本书立体化配套齐全，具体包括：PPT 课件、课程大纲、期末试卷及答案等，可到机械工业出版社教育服务网 www.cmpedu.com 免费下载。

本书可作为全国技师学院和高职院校电气工程及相关专业的教材，也可作为电气工程技术人员的参考用书。

图书在版编目（CIP）数据

电气控制技术与应用/陈顺岗主编. —北京：机械工业出版社，2018.9
（2023.2 重印）

技师学院"十三五"系列教材

ISBN 978-7-111-60483-9

Ⅰ.①电…　Ⅱ.①陈…　Ⅲ.①电气控制—职业教育—教材
Ⅳ.①TM921.5

中国版本图书馆 CIP 数据核字（2018）第 195682 号

机械工业出版社（北京市百万庄大街22 号　邮政编码 100037）
策划编辑：陈玉芝　王振国　责任编辑：王振国　责任校对：樊钟英
封面设计：陈　沛　　　　责任印制：张　博
保定市中画美凯印刷有限公司印刷
2023 年 2 月第 1 版第 7 次印刷
184mm×260mm · 13.5 印张 · 332 千字
标准书号：ISBN 978-7-111-60483-9
定价：39.80 元

电话服务　　　　　　　　　网络服务
客服电话：010-88361066　机　工　官　网：www.cmpbook.com
　　　　　010-88379833　机　工　官　博：weibo.com/cmp1952
　　　　　010-68326294　金　书　网：www.golden-book.com
封底无防伪标均为盗版　　机工教育服务网：www.cmpedu.com

前　言

　　近年来随着国家产业转型升级，企业对精通电气控制技术的技能型人才需求日益旺盛。同时，科学技术飞速发展，新技术、新工艺、新设备等在大多数企业都得到了广泛应用，这就对从事电气控制技术系统设计、安装、调试、操作、维修等的高技能型人才在知识结构和操作技能方面的要求都发生了巨大变化。为适应这种新形势和新变化，很多职业院校的电气类专业都开设了电气控制技术课程。本书即是为电气控制技术课程编写的教材。

　　本书由四个单元构成，第一单元是电气控制基本知识，第二单元是典型环节的电气控制，第三单元是典型机床的电气控制，第四单元是电气控制线路的设计。

　　每个单元以课题为单位，课题的选择突出重点，层次分明，逻辑清晰。每个课题由【教学目标】（知识目标和能力目标）、【教学任务】、【教·学·做】和【效果测评】等部分组成。【效果测评】采用学生自评、互评和师评有机结合，对知识目标和能力目标的教学效果及时进行测评，检查教学达标情况，从而使每个课题的教学过程形成闭环，这有利于教师及时进行教学反思，改进教学方法，确保教学质量；同时反映了本教材注重过程控制的理念，避免了以往的教材通常要到期末考试才能发现问题的弊端；还体现了以学生为主体、以教师为主导，强化互助学习的特点。本书体现了教学做结合、理实一体化的职业教育理念。

　　本书由云南工业技师学院陈顺岗任主编，吴刚、吴鹤和赵建新任副主编，王云、解林岗、卢杰参加编写。本书编写过程中参考了有关文献资料，在此向这些文献资料的作者表示衷心的感谢。

　　由于编者水平有限，编写时间仓促，书中难免有疏漏、错误和不足之处，恳请读者批评指正。

编　者

目　录

单元一
电气控制基本知识

电气控制本质上是对电动机运行的控制。首先,必须对电动机的结构、工作原理、正反转、起动、制动等特性有所熟悉和掌握;其次,按照电动机的工作原理和生产机械的工作要求,需要借助若干电器元件来实现其相应的控制要求,因此需要对常见控制电器的结构和工作原理做到心中有数;最后,对整个控制过程的描述是通过电气图的方式呈现的,电气图是电气工程技术人员进行沟通交流的重要手段,是电力拖动控制系统设计、安装、调试和维修的重要文件,所以对几种常见电气图的形式、特点、用途也要进行相应的学习和掌握。

课题一　常用电动机的结构与工作原理

电动机种类繁多,结构、功能和作用各不相同。而直流电动机、三相笼型异步电动机和三相绕线转子异步电动机是电动机家族中的典型代表,它们是工农业生产和生活中最常用的电动机。通过对三种电动机的结构、工作原理、起动、制动、正反转等重要特性的学习,可为学好电气控制的后续课题打下坚实的基础。

➤【教学目标】

知识目标:
(1)了解三种电动机的基本结构及其主要作用。
(2)掌握三种电动机的工作原理和正反转实现要求。
(3)掌握三种电动机的起动特点、起动要求和各种起动方法。
(4)了解电动机的固有(自然)机械特性与人为机械特性的概念及特点。
(5)了解三种电动机的性能和特点。

能力目标:
(1)熟悉直流电动机的型号意义、铭牌参数、接线端子的连接情况。
(2)熟悉和掌握三相笼型异步电动机的型号意义、铭牌参数、接线端子的连接情况。
(3)熟悉和掌握三相绕线转子异步电动机的型号意义、铭牌参数、接线端子的连接情况。

➤【教学任务】

(1)学习直流电动机的结构、工作原理、正反转、起动、制动及机械特性。
(2)学习三相笼型异步电动机的结构、工作原理、正反转、起动、制动及机械特性。
(3)学习三相绕线转子异步电动机的结构、工作原理、正反转、起动、制动及机械特性。

➤【教·学·做】

一、电动机的分类及其特点

电动机的分类方法很多，大体有以下几种分类方法。

（1）按照电能的使用情况分类　其分类情况如图1-1-1所示。

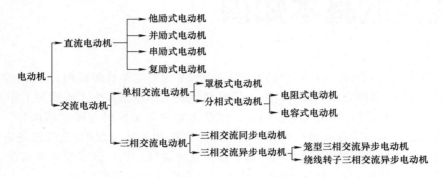

图1-1-1　电动机分类示意图

（2）按照防护型式分类　可分为开启式、防护式、封闭式、防爆式、防水式和潜水式等。

（3）按安装结构型式分类　可分为卧式、立式等。

（4）按绝缘等级分类　可分为E级、B级、F级和H级等。

（5）按冷却方式分类　可分为自冷式、自扇风冷式、他扇风冷式等。

二、常用电动机简介

（一）直流电动机的结构和工作原理

1．直流电动机的结构

直流电动机由定子部分（静止部分）、转子部分（旋转部分）和机座等部分组成。图1-1-2所示为直流电动机的外形与总装配图。

图1-1-3所示为直流电动机的结构和剖面图。

（1）定子部分　定子部分由主磁极、换向磁极、机座、电刷装置、端盖和轴承等部分组成。定子的作用一是产生磁场和构成磁路；二是对电动机起支撑作用。

1）主磁极。主磁极的作用是产生恒定主磁场。如图1-1-3所示，主磁极由主磁极铁心和放置在铁心上的励磁绕组构成。主磁极铁心分成极身和极靴，极靴的作用是使气隙磁通密度的空间分布均匀并减小气隙磁阻，同时极靴对励磁绕组也起支撑作用。主磁极铁心是用$1.0 \sim 1.5\text{mm}$厚的硅钢板片冲成一定形状，用铆钉把冲片铆紧，然后再将整个主磁极用螺钉固定在机座上。主磁极上的线圈是用来产生主磁通的，称为励磁绕组。当给励磁绕组通入直流电时，就会产生磁场。

2）换向极。换向极又称为附加极，安装在相邻的两主磁极之间，用螺钉固定在机座上，用来改善换向，减小电动机运行时电刷与换向器之间可能产生的换向火花。一般电动机功率超过1kW时均应安装换向极。

换向极由换向极铁心和换向极绕组组成。换向极铁心可根据换向要求用整块钢制成，也可用厚$1.0 \sim 1.5\text{mm}$厚钢板或硅钢片叠成，所有的换向极线圈串联后称换向绕组。换向绕组

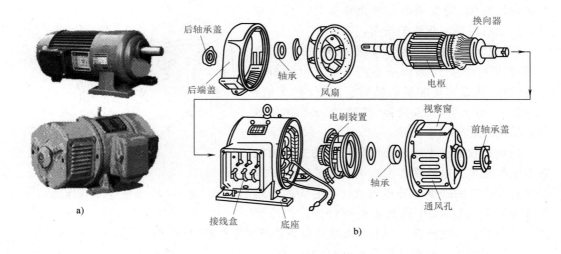

图 1-1-2　直流电动机的外形与总装配图
a)外形　b)总装配图

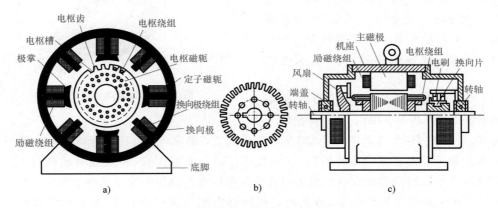

图 1-1-3　直流电动机的结构和剖面图
a)结构　b)电枢铁心冲片　c)剖面图

与电枢绕组串联。换向极的数目一般与主磁极数目相同,但在功率很小的直流电动机中,只安装主磁极数目一半的换向极或不装换向极。换向极的极性根据换向要求确定。

3)机座。电动机定子的外壳称为机座。机座的作用有两个,一是用来固定主磁极、换向极和端盖,并对整个电动机起到支撑和固定作用;二是机座本身也是磁路的一部分,借以构成磁极之间磁的通路,磁通通过的部分称为磁轭。为保证机座具有足够的机械强度和良好的导磁性能,一般为铸钢件或由钢板焊接而成。

4)电刷装置。电刷的作用是与换向器配合引入、引出电流。即通过电刷和旋转的换向器表面的滑动接触,把转动的电枢绕组与外电路连接起来,完成引入或引出直流电压和电流。电刷的结构如图 1-1-4 所示,电刷是用石墨制成的导电块,电刷装在刷握的盒内,用压紧弹簧把它压紧在换向器的表面上,使电刷与换向器之间有良好的滑动接触。

5)端盖。电动机中的端盖主要起支撑作用。端盖固定在机座上,其上放置轴承支撑直流电动机的转轴,使直流电动机能够旋转。同时端盖对电动机内部还起防护作用。

(2)转子(电枢)部分　转子又称为电枢,是电动机的转动部分,其作用是产生感应电动势和电磁转矩,从而实现能量的转换。电枢(转子)由电枢铁心、电枢绕组、换向器、转轴、轴承和风扇等部分组成,如图 1-1-5 所示。

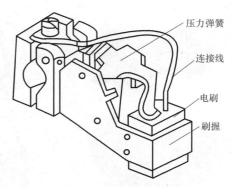

图 1-1-4　直流电动机的电刷

1)电枢铁心。电枢铁心的作用是通过磁通和嵌放电枢绕组。电枢铁心用 0.35mm 或 0.5mm 厚的涂有绝缘漆的硅钢片冲压而成。铁心表面有均匀分布的齿和槽,槽中嵌放着电枢绕组。铁心叠片沿轴向叠装。电枢铁心片上冲有放置电枢绕组的电枢槽、轴孔和通风孔。

2)电枢绕组。电枢绕组是电动机的核心部件。电枢绕组安放在电枢铁心槽内,随着电枢旋转,在电枢绕组中产生感应电动势;当电枢绕组中通过电流时,受主磁场的作用产生电磁转矩,使电枢向一定的方向旋转,实现能量的转换。在电动机中每一个线圈称为一个元件,多个元件有规律地连接起来形成电枢绕组。

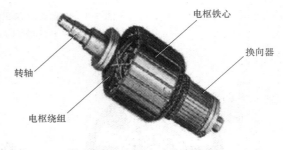

图 1-1-5　直流电动机的电枢

为了防止线圈在离心力作用下甩出,在槽口处用槽楔将线圈边封在槽内,线圈伸出槽外的端接部分,用热固性无纬玻璃丝带或非磁性钢丝扎紧。槽楔可用竹片或酚醛玻璃布板制成。

3)换向器。换向器固定在转轴的一端,其作用是与电刷配合,将直流电动机输入的直流电流转换成电枢绕组内的交变电流或是将直流发电机电枢绕组中的交变电动势转换成输出的直流电压。换向器的结构如图 1-1-6 所示。换向器由换向片组合而成,是直流电动机的关键部件。换向片采用导电性能好、硬度大、耐磨性能好的纯铜或铜合金制成。换向片的底部做成燕尾形状,换向片的燕尾部分嵌在含有云母绝缘的 V 形环内,拼成圆筒形套在套筒上,相邻的两换向片间以 0.6~1.2mm 的云母片作为绝缘,最后用螺旋压圈压紧。换向片靠近电枢绕组的部分与绕组引出线进行焊接。

4)转轴。转轴起支撑转子旋转和传递转矩的作用。为了使电动机能可靠地运行,转轴需要有一定的机械强度和刚度,一般用合金钢锻压加工而成。在转轴上

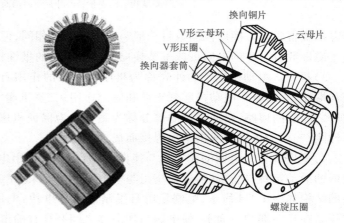

图 1-1-6　直流电动机的换向器

安装电枢和换向器。

5）风扇。它用来降低运行中电动机的温升。

6）空气隙　主磁极的极靴和电枢间的间隙称为空气隙。空气隙既保证了电动机的安全运行，又是磁路的重要组成部分。由于空气磁阻远大于铁磁物质的磁阻，而电动机的能量转换是以空气隙磁通为媒介进行的，所以空气隙的大小和形状对电动机的性能有很大影响。

2. 直流电动机的工作原理

直流电动机的工作原理如图 1-1-7 所示。图中 N 和 S 代表主磁极，它们是固定不动的；线圈连着换向片，换向片固定在转轴上，随电动机轴一起旋转，换向片与换向片之间及换向片与转轴之间均互相绝缘，它们构成的整体称为换向器。电刷 A、B 在空间上固定不动。换向器与电刷配合，可以始终保持经过 N 极下的电枢绕组与电刷 A（电源负极）相连，经过 S 极下的电枢绕组与电刷 B（电源正极）相连，这样就将外部输入的直流电流转换成电枢绕组内的交变电流，确保电动机保持恒定方向旋转，以实现将电能转换成机械能并拖动生产机械，这就是直流电动机的工作原理。

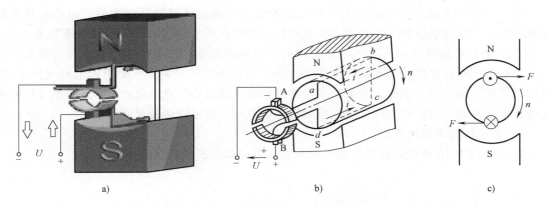

图 1-1-7　直流电动机的工作原理

a）原理演示图　b）工作原理　c）线圈受力方向

3. 直流电动机的连接方式

直流电动机中有两个基本绕组，即励磁绕组和电枢绕组。励磁绕组和电枢绕组之间的连接方式称为励磁方式。不同励磁方式的直流电动机，其特性有很大的差异，故选择励磁方式是选择直流电动机的重要依据。直流电动机按励磁方式可分为他励式、并励式、串励式和复励式四类。图 1-1-8 所示为直流电动机励磁绕组和电枢绕组的不同连接方式。

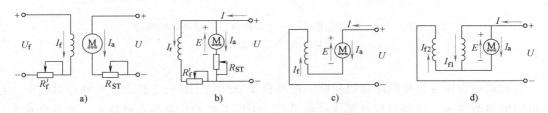

图 1-1-8　直流电动机的连接方式

a）他励式直流电动机　b）并励式直流电动机　c）串励式直流电动机　d）复励式直流电动机

直流电动机各绕组接线后,其引出线的端头要加以标记,各绕组线端的符号见表1-1-1。

表 1-1-1　直流电动机各绕组线端的符号

绕组名称	电枢绕组	换向绕组	补偿绕组	串励绕组	并励绕组	他励绕组
线端名称	A_1、A_2	B_1、B_2	C_1、C_2	D_1、D_2	E_1、E_2	F_1、F_2

注:下标"1"是始端,为正极;"2"是末端,为负极;我国现行采用的符号与 IEC 国际标准规定相同。

他励式直流电动机由于机械特性比较硬,能够满足不同的调速方式,因此在几种励磁方式中应用最为普遍。本书将其作为学习重点。

4. 他励式直流电动机的重要特性

(1)他励式直流电动机的正反转　改变他励式直流电动机转向的方法有两种:一是改变励磁绕组的极性,即改变磁场的方向,但需要保持电枢绕组的极性不变;二是改变电枢绕组的极性,但需要保持励磁绕组的极性不变。如果同时改变励磁绕组的极性和电枢绕组的极性,那么电动机的转向将保持不变。

(2)他励式直流电动机的起动　电动机的起动是指电动机接通电源后,由静止状态加速到稳定运行状态的过程。他励式直流电动机在额定电压下直接起动,起动电流为 $I_{ST} = U_N / R_a$ 很大,通常可达到(10~20)I_N。过大的起动电流会使电动机的换向严重恶化,甚至会烧坏电动机;同时过大的冲击转矩会损坏电枢绕组和传动机构;再则,会引起电网电压下降,影响电网中其他用户。因此,除了个别功率很小的电动机外,直流电动机一般是不允许在额定电压下直接起动的,必须降低直流电动机的电枢电压后才能进行起动。

1)电枢回路串电阻起动。

图1-1-9 所示是电枢回路串三级电阻起动的电路原理及其机械特性。

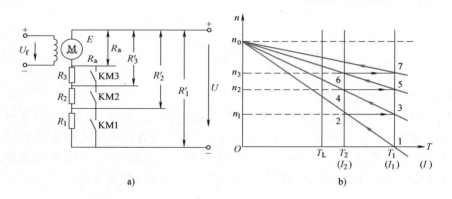

a)　　　　　　　　　　b)

图 1-1-9　他励式直流电动机电枢串电阻起动机械特性
a)电路原理　b)起动机械特性

在起动过程中逐级将电阻加以切除,电动机加速到稳定运行工作点,起动过程结束。起动电阻的级数越多,起动过程就越快且越平稳,但所需要的控制设备就越多,投资也越大。

2)电枢减压起动。

当直流电源的电压可调时,可以采用减压方法进行起动。生产实践中常用的减压起动方法有两种：一是在二极管桥式整流前使用调压器降低整流电路的输入电压实现减压起动；二是通过改变晶闸管可控整流的导通角，降低晶闸管整流桥的直流输出电压，实现减压起动。尽管减压起动的方式不同，但道理一致，都是为了降低起动电流。起动时，以较低的电源电压起动电动机，起动电流便随电压的降低而减小。随着电动机转速的上升，反电动势逐渐增大，再逐渐提高电源电压，使起动电流和起动转矩保持在一定的数值上，从而保证电动机实现平稳起动。

（3）他励（并励）式直流电动机的调速特性　通过对他励式直流电动机的电路分析，推导出直流电动机转速和转矩之间的函数关系式为

$$n = \frac{U}{C_e \Phi} - \frac{R_a}{C_e C_T \Phi^2} T$$

式中　n——直流电动机转速；

$\quad\quad$ U——直流电动机端电压；

$\quad\quad$ Φ——直流电动机磁通量；

$\quad\quad$ T——直流电动机转矩；

C_e、C_T——直流电动机结构系数。

这个关系式也被称为机械特性方程式。从该式可以看出，改变电动机转速的方法有三种：一是改变电枢电压调速；二是改变定子励磁强弱调速；三是在电枢回路串入电阻进行调速。三种调速方式相应获得三种不同的机械特性。通常，将额定状态下的机械特性称为固有（自然）机械特性，而把改变关系式中相关参数得到的机械特性称为人为机械特性。

1）固有（自然）机械特性。

当 $U = U_N$、$\Phi = \Phi_N$、$R = R_a$（电枢电压、励磁磁通为额定值，且电枢回路不外串电阻）时的机械特性称为固有机械特性，如图 1-1-10 所示。

2）直流电动机降低电枢电压的人为机械特性如图 1-1-11 所示，随着电枢电压的降低，同步转速降低，但直线斜率不变，即机械特性硬度不变。

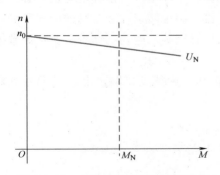

图 1-1-10　直流电动机固有机械特性

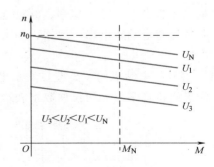

图 1-1-11　降低电枢电压的人为机械特性

3）直流电动机转子串电阻的人为机械特性如图 1-1-12 所示。所串入的电阻越大，直线斜率越大，即机械特性硬度越软，但同步转速不变。

4）直流电动机降低励磁电压的人为机械特性如图 1-1-13 所示，降低励磁电压后，电动机的励磁磁场减弱，励磁磁通 Φ 减小，直线斜率增大，电动机机械特性变软，同步转速升高。

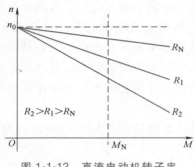

图 1-1-12　直流电动机转子串
电阻的人为机械特性

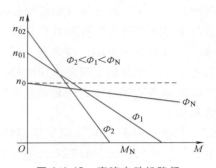

图 1-1-13　直流电动机降低
励磁电压的人为机械特性

他励（并励）式直流电动机具有机械特性硬、起动转矩大、调速范围宽、平滑性能好等特点。其广泛应用于对调速性能要求高、负载变化时转速变化比较稳定的负载场所，如车床、铣床、刨床、磨床、镗床、造纸机和印刷机等机械设备中。串励式直流电动机具有机械特性软、起动转矩大、过载能力强、调速方便，但不允许空载、轻载起动和运行，否则会出现"飞车"现象。其广泛应用于要求起动转矩大、负载变化时转速允许变化的恒功率负载场所，如电力机车、起重机等机械设备中。

（4）他励式直流电动机的制动　在电力拖动系统中，往往需要快速停机或者由高速运行迅速转为低速运行，这就要对电动机进行制动。他励式直流电动机的制动有机械制动和电气制动两种。机械制动具有快速、准确的优点，但是对于高速、惯性大的设备，机械冲击比较大。电气制动则具有制动相对平稳、制动转矩容易控制的特点。往往先通过电气制动将电动机转速降到一个比较低的速度（接近零速），然后再实施机械抱闸制动，这样既避免了机械冲击又有比较好的制动效果。

电气制动又分为能耗制动、反接制动和回馈制动三种方式。

5. 直流电动机的铭牌

在电动机机座的外壳上有一个标志牌，标注着电动机各种参数，俗称电动机铭牌。铭牌内容包括电动机型号、额定功率、额定电压、额定电流、额定转速和额定励磁电流及励磁方式等。此外还有电动机的出厂数据，如出厂编号、出厂日期等。电动机铭牌上所标的数据称为额定数据。

（1）型号　电动机的产品型号表示电动机的结构和使用特点，国产电动机型号一般采用大写的汉语拼音字母和阿拉伯数字表示，即

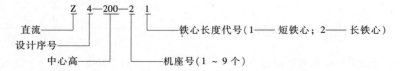

第一部分用大写的汉语拼音字母表示产品代号，其字符含义见表 1-1-2。

第二、三、四、五部分用阿拉伯数字分别表示设计序号、中心高、机座号和铁心长度代号。

（2）额定功率 P_N　指在额定条件下电动机所能供给的功率，单位为 kW。

（3）额定电压 U_N　是指额定工况条件下，电动机出线端的平均电压，单位为 V。

表 1-1-2　直流电动机系列代号

序列	含　　义	序列	含　　义
Z 系列	一般用途直流电动机（如 Z2、Z3、Z4 等系列）	ZH 系列	船用直流电动机
ZJ 系列	精密机床用直流电动机	ZA 系列	防爆安全型直流电动机
ZT 系列	调速直流电动机	ZKJ 系列	挖掘机用直流电动机
ZQ 系列	直流牵引电动机	ZZJ 系列	冶金起重机用直流电动机

（4）额定电流 I_N　指电动机在额定电压下，运行于额定功率时对应的电流值，单位为 A。

（5）额定转速 n_N　指对应于额定电流、额定电压，电动机运行于额定功率时所对应的转速，单位为 r/min。

（6）额定励磁电压 U_{fN} 和电流 I_{fN}　对应于励磁绕组上的额定电压、额定电流、额定转速及额定功率时的额定电压和在此额定电压下产生的额定电流。额定励磁电压和电流的单位分别为 V 和 A。

（7）励磁方式　指直流电动机的励磁线圈与其电枢线圈的连接方式。根据电枢线圈与励磁线圈的连接方式不同，直流电动机励磁有并励、串励、他励、复励等方式。

（8）定额　指电动机在额定值时允许持续运行的时间，一般分为连续、短时和断续三种。

（9）温升　指电动机在额定运行时，允许发热的最高温度与周围环境温度的差值。

（10）绝缘等级　指电动机所采用的绝缘材料的耐热等级。

电动机运行时的各种数据与负载大小有关，会与额定值有些差异。根据负载大小分为满载（额定载）、过载（超载）和轻载（欠载）运行。长期过载运行将使电动机过热，降低电动机寿命甚至损坏；长期轻载运行会使电动机的功率不能充分利用。故在选择电动机时，应根据负载的要求，尽可能使电动机运行在额定值附近。

6. 直流电动机的优缺点

（1）直流电动机的优点　调速性能好、调速范围大、调速均匀平滑且可以无级调速；起动、制动转矩大，易于快速起动、停机；易于控制。

（2）直流电动机的缺点　结构复杂，设备价格高；有电流换向的问题；需要附加整流装置，成本高；故障率高，维修复杂。

（二）笼型异步电动机的结构和工作原理

1. 笼型交流异步电动机的基本结构

三相笼型交流异步电动机的结构如图 1-1-14 所示。其由定子和转子两大部分组成，此外，还有端盖、轴承、风扇、接线盒、吊环等其他附件。

（1）定子　定子部分包括定子铁心、定子绕组、机座等部分。它是电动机中固定不动的部分。

1）定子铁心：定子铁心一般由 0.35~0.5mm 厚的表面涂有绝缘漆的硅钢片冲制、叠压而成，在铁心的内圆冲有均匀分布的槽，用以嵌放电动机定子三相绕组，如图 1-1-15 所示。定子铁心是电动机磁路的一部分。

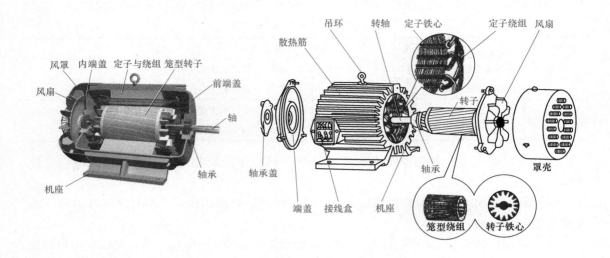

图 1-1-14　三相笼型交流异步电动机的结构

定子铁心有三种槽形，如图 1-1-16 所示。图 1-1-16a 所示是半闭口槽形，电动机的效率和功率因数较高，但绕组嵌线和绝缘都较困难，一般用于小型低压电动机中。图 1-1-16b 所示是半开口槽形，可嵌放成形绕组，一般用于大型、中型低压电动机中；所谓成形绕组即绕组可事先经过绝缘处理后再放入槽内。图 1-1-16c 所示是开口槽形，用以嵌放成形绕组，绝缘处理方便，主要用在高压电动机中。目前，我国制造生产的 100kW 以下的 Y 系列小型异步电动机均采用半闭口槽形。

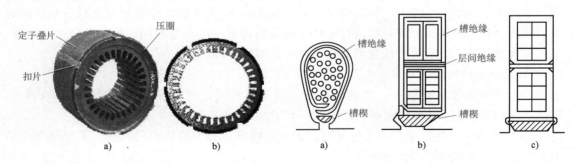

图 1-1-15　三相异步电动机的定子铁心
a）定子铁心　b）定子冲片

图 1-1-16　定子铁心槽形
a）半闭口槽　b）半开口槽　c）开口槽

2）定子绕组：定子绕组一般用漆包线绕制而成，这些绕组的各个线圈按一定规律分别嵌放在定子槽内，然后按照一定规律分别连接成三个结构完全相同、在空间互差 120°电角度、呈对称排列的独立绕组。三个绕组的六个线端分别接到电动机接线盒内的上下两排接线端子上面，分别为 U1、V1、W1 及 W2、U2、V2。对三个绕组六个接线头在接线端子上按照"尾尾"相连和"首尾相连"，就分别得到丫联结和△联结两种不同的接法，如图 1-1-17 所示。

定子绕组是用来产生磁场的。当三相定子绕组通入三相交流电后，随即产生一个旋转运动的磁场。

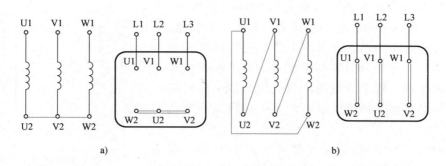

图 1-1-17　三相交流异步电动机定子绕组丫联结与△联结

a）丫联结　b）△联结

3）机座：机座一般用铸铁或铸钢铸造而成。大型异步电动机机座一般用钢板焊成，中小型电动机的机座一般采用铸铁铸造，微型电动机的机座采用铸铝件。封闭式电动机的机座外面有散热筋以增加散热面积，防护式电动机的机座两端的端盖开有通风孔，使电动机内外的空气可直接对流，以利于散热。如图 1-1-18 所示，机座用于固定定子铁心、定子绕组和固定整个电动机。通过前、后端盖支撑转子，并起防护、散热等作用。

图 1-1-18　三相交流异步电动机的机座

（2）转子　转子是电动机的转动部分，主要由转子铁心、转子绕组和转轴等三部分组成。

1）转子铁心：转子铁心也是用 0.5mm 厚的硅钢片冲制、叠压而成的。硅钢片外圆冲有均匀分布的孔，用来嵌放转子绕组。一般小型异步电动机的转子铁心直接压装在转轴上，而大、中型异步电动机（转子直径为 300～400mm）的转子铁心则借助转子支架压装在转轴上，如图 1-1-19 所示。

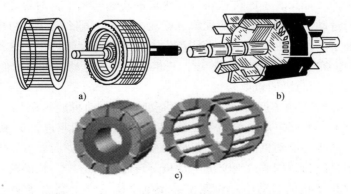

图 1-1-19　三相笼型交流异步电动机的转子

a）铜条转子　b）铸铝转子　c）转子铁心和转子绕组

为了改善异步电动机的起动及运行性能，笼型异步电动机的转子铁心一般采用斜槽、双槽和深槽结构，即转子槽与电动机转轴的轴线不在同一平面上，如图 1-1-20 所示。

2）转子绕组：三相笼型交流异步电动机的转子绕组是在转子铁心每个槽中插入一根铜

条，铜条两端各用一个铜环（也称为端环或短路环）焊接。若去掉转子铁心，整个绕组的外形像一个鼠笼，笼型电动机因此而得名。通常，小型笼型电动机采用铸铝转子绕组，对于100kW以上的电动机采用铜条和铜端环焊接而成。转子绕组的作用是切割定子旋转磁场产生感应电动势及电流，进而产生电磁转矩而使电动机旋转。

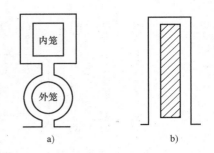

图 1-1-20 双笼转子和深槽转子
a）双笼结构 b）深槽结构

3）转轴：转轴的作用是支撑转子铁心和转子绕组，并传递电动机输出的机械转矩。转轴一般用中碳钢或合金钢制成。轴的伸出端有键槽，用于固定传送带轮或联轴器。

（3）三相异步电动机的其他附件

1）端盖：端盖多用铸铁铸成，用螺栓固定在机座两端。端盖装在机座的两侧，起防护和支撑转子的作用。

2）轴承：轴承装在端盖上，起支撑转轴的作用，并减少摩擦，同时起到连接转动部分与不动部分的作用。

3）轴承端盖：保护轴承，防止轴承内的润滑油溢出。

4）风扇：用来冷却电动机。

2. 三相笼型异步电动机的工作原理

三相笼型异步电动机的定子绕组接通电源后，产生一个与电源频率一致的旋转磁场，旋转磁场与转子绕组间形成相对运动，切割了磁力线，于是就在转子绕组中产生感应电动势并形成感生电流，产生感生电流的转子绕组又受到旋转磁场的作用产生电磁转矩，从而推动转子追随旋转磁场转动起来。但转子转动的速度最终离旋转磁场的转速（同步转速）仍然有一步之遥，两者不可能同步运行。为什么呢？这是因为，导致转子旋转的原因是转子与旋转磁场之间的相对运动，如果转子的转速与旋转磁场的转速同步了，两者之间就不存在相对运动了，没有了相对运动，切割磁力线的现象也就随之消失，那么转子绕组中的感生电动势和感生电流就不存在了，则电磁转矩也就无从产生了。转子与旋转磁场的这种不同步关系，被称为"异步"，它是保持电动机旋转的基础，三相笼型异步电动机也因此而得名。

3. 三相笼型异步电动机的重要特性

（1）笼型异步电动机的正反转 由于三相笼型异步电动机旋转磁场的旋转方向与三相交流电源的相序有关，改变三相交流电源的相序（任意调换两相电源）就可以改变旋转磁场的方向。所以，要改变电动机的转向，只要改变旋转磁场的方向即可，即将接入的三相电源中任意两相对调接线，就能够改变交流电动机旋转磁场的方向，从而改变电动机的转向。

（2）笼型异步电动机的起动 三相笼型异步电动机的三个绕组接通电源的瞬间，一方面，由于反电动势还未建立，定子线圈电阻又很小，就会在定子线圈中瞬间产生额定电流4~7倍的起动电流，导致电动机绕组迅速发热、绝缘损坏，烧毁电动机，同时造成供电线路巨大耗损，电网电压明显降低，影响其他用户正常工作；另一方面，旋转磁场以最大的相对速度切割转子导体，瞬间产生很大的感应电动势和感生电流，形成很大的电磁转矩，对电动机的轴产生很大的扭矩，对传动机构产生强大的冲击力，导致电动机转轴弯曲和机械设备损伤。通常，7kW 以上的三相笼型异步电动机不允许直接起动。

为了改善三相笼型异步电动机的起动性能，通常采用减压起动，即在电动机起动时降低定子绕组上的外加电压，从而降低起动电流。起动结束后，将外加电压恢复为额定电压，进入额定运行。三相笼型异步电动机常用的减压起动方法有：定子串电阻或电抗器减压起动、丫/△减压起动、定子串自耦变压器减压起动、延边三角形减压起动。随着电子技术的发展，软起动器起动作为一种重要的减压起动方式，已获得了较为广泛的应用。

1）定子串电阻或电抗器减压起动。起动时，先在电动机定子电路中串入电阻或电抗器，对电动机定子绕组进行分压，通过降低定子绕组的端电压，降低电动机的起动电流。当电动机的转速接近额定值时，切除电阻或电抗器，让电源电压直接加在电动机定子绕组上，转为全压运行。这种起动方法不受电动机定子绕组连接方式的限制，但起动转矩将减小，同时使设备体积增大，电能损耗大，目前已较少采用，且只适用于空载和轻载起动。

2）丫/△减压起动。起动时将电动机定子绕组做丫联结，使电动机每相所承受的电压降低，因而降低了起动电流，待电动机起动完毕，再恢复成△联结，转为额定电压下正常运行，因此称这种起动方式为丫/△减压起动（或星形/三角形减压起动）。这种起动方式存在的问题是，若起动时定子绕组为丫联结，则起动时定子绕组上所加的电压仅为额定电压的 $1/\sqrt{3}$，起动电流为额定电流的 1/3，起动转矩为额定起动转矩的 1/3，起动转矩大幅下降，对于电动机空载和轻载起动尚可，如果电动机是带重载起动，就无法起动起来。

3）自耦变压器减压起动。在电动机起动时，利用自耦变压器来降低加在电动机定子绕组上的起动电压，待电动机的转速接近额定转速时，再使电动机与自耦变压器脱离，从而在全压下正常运行。

自耦变压器减压起动的优点是具有起动性能好，可以直接人工操作控制，也可以用交流接触器自动控制，经久耐用，维护成本低，适合所有的空载、轻载起动的异步电动机使用，因此在生产实践中得到广泛应用，目前仍是三相笼型异步电动机常用的一种减压起动方法。它的缺点是要额外增加自耦变压器，且控制线路相对较复杂、设备投资大、体积大、维修麻烦。

4）延边三角形减压起动。为了改善电动机的起动性能，除了在电动机外部想办法外，人们也在电动机的定子绕组上打主意，绕制多组线圈并引至接线端子。起动时，把定子三相绕组的一部分接成三角形，另一部分接成星形，每相绕组上所承受的电压比△联结时的相电压要低，比丫联结时的相电压要高，待电动机起动运转后，再将定子绕组改接成三角形全压运行。

延边三角形减压起动是在丫/△减压起动的基础上加以改进而形成的一种起动方式。它把丫联结和△联结两种接法结合起来，克服了丫/△减压起动时起动电压偏低、起动转矩偏小的缺点。

5）起动器减压起动。软起动器是一种集电动机软起动、软停机、轻载节能和多种保护功能于一体的新颖电动机控制装置，是利用电力电子技术与自动控制技术，将强电和弱电结合起来的控制技术。软起动器采用三相反并联晶闸管作为调压器，将其接入电源和电动机定子之间。它不仅实现了在整个起动过程中无冲击而平滑地起动，而且可根据电动机负载的特性来调节起动参数，如限流值、起动时间等。此外，它还具有电动机保护功能，这就从根本上解决了传统的减压起动设备的诸多弊端。但交流电动机带软起动器起动毕竟还是减压起动的一种方式，虽然实现了全数字自动控制减压起动、起动电流比较小，但是依然不适用于重载起动的大型电动机（功率在 315kW 以上），而且设备价格很高。

（3）笼型异步电动机的机械特性

1）交流笼型异步电动机的固有机械特性。与直流电动机同理，交流异步电动机也存在固有（自然）机械特性和人为机械特性。交流笼型异步电动机额定状态下的机械特性即固有（自然）机械特性如图 1-1-21 所示。S 点为起动点，K 点为临界点，Q 为稳定运行工作点。电动机从 S 点开始起动，至 K 点转矩最大，到 Q 点时，电磁转矩与负载转矩大小相等，方向相反，电动机停止升速，稳定运行于 Q 点，所以 Q 点为稳定工作点。

2）交流异步电动机减压起动的机械特性。交流异步电动机降低定子线圈起动电压的机械特性如图 1-1-22 所示。从图中可以看出，起动电压降低以后，机械特性变软，而且起动电压越低，机械特性越软，起动转矩越小，临界转矩也越小，电动机过载能力越小。因此，交流异步电动机减压起动只适用于轻载和空载起动，不适合于重载起动。

（4）笼型异步电动机的制动　交流异步电动机的电气制动方法主要有反接制动、能耗制动（动力制动）和再生发电制动（回馈制动）。

1）反接制动：制动时，电动机定子绕组接入反向起动电源，并串入限流电阻，在转速接近零时必须迅速切断电源，防止电动机反转。它的优点是所需设备简单、制动力强、制动迅速。其缺点是冲击力大、制动不够准确。反接制动适用于小型异步电动机。

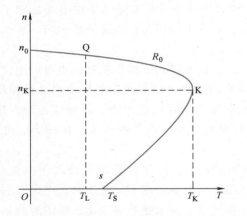

图 1-1-21　交流笼型异步电动机固有机械特性

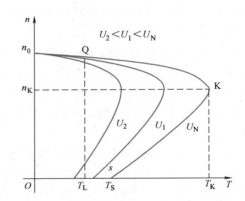

图 1-1-22　交流异步电动机减压起动机械特性

2）能耗制动：制动时，断开三相电源并立即在电动机任意两相定子绕组中通入直流电，使定子绕组中产生一个直流磁场，于是惯性旋转的转子切割直流磁场，在转子绕组中产生感应电动势并形成感应电流，进而产生与旋转方向相反的电磁力矩，阻止电动机的转动而得到快速停转。它的优点是制动准确、平稳、冲击力小，对电网影响也小。其缺点是需增加附加直流电源装置、投资较大、低速制动力弱。

3）再生发电制动：运行过程中的电动机，当转子受外力作用（如起重机下放重物、电力机车下坡时）或变极调速由高速变为低速时，将出现实际转速大于理想空载转速的情况，电动机的反电动势大于外加电压，定子线圈中电流反向，电动机变为发电机，电磁转矩变为制动转矩，形成了发电制动状态，限制其转速不能继续上升而保持稳定运行或使转速迅速降低直至低一级转速稳定运行。制动时，将机械能或多余的转动动能转变为电能回馈电网。它的优点是经济性好。其缺点是应用范围窄。

4. 三相笼型异步电动机的优缺点

（1）优点　三相笼型异步电动机具有结构简单、重量轻、价格便宜、运行可靠、工作效率高、坚固耐用、维护方便等优点，被广泛应用于调速性能要求不高的各种机床、水泵、通风机等机械设备中。

（2）缺点　一是直接起动电流大（起动电流 I_{st} 为额定电流的 4~7 倍），故不允许直接起动；二是如果采用减压起动，机械特性变"软"，起动能力和过载能力均下降，难以满足带负载起动的需要；三是调速困难，并且调速时需要调速设备等缺点。

（三）三相交流绕线转子异步电动机

1. 三相交流绕线转子异步电动机的基本结构

针对笼型交流异步电动机存在不能直接起动的问题，通过在电动机转子上做文章，就产生了三相交流绕线转子异步电动机，其外形和电气符号如图 1-1-23 所示。

YR系列异步电动机　　YR2系列异步电动机　　YR系列异步电动机

a)　　　　　　　　　　　　　　　　　　　b)

图 1-1-23　三相交流绕线转子异步电动机的外形和电气符号

a）外形　b）电气符号

三相交流绕线转子异步电动机的结构与三相笼型异步电动机的结构基本相同，也是由定子（静止部分）和转子（转动部分）两部分组成。定子结构与三相笼型异步电动机的定子结构一致，不再赘述。

所不同的是，转子铁心嵌入了与定子绕组类似的三相对称绕组，一端合并接成星形，另一端三个出线头接到与转轴绝缘的三个集电环上，再通过电刷与外电路连接，如图 1-1-24 所示。

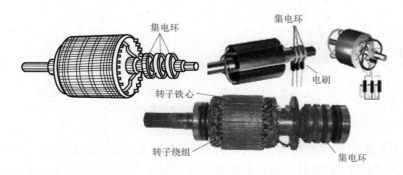

图 1-1-24　绕线转子异步电动机转子的外形

集电环固定在转轴上并与转轴绝缘，它随转轴一起转动；电刷与集电环之间始终保持接触且是静止的。图 1-1-25 所示为三相交流绕线转子异步电动机转子串电阻结构示意图。

2. 三相交流绕线转子异步电动机的工作原理

三相交流绕线转子异步电动机的工作原理与三相笼型异步电动机的工作原理一样，此处不再叙述。

3. 三相交流绕线转子异步电动机的重要特性

（1）三相交流绕线转子异步电动机的正反转　三相交流绕线转子异步电动机改变转向的方法与笼型异步电动机改变转向的方法相同，即只要任意改变三相交流电源其中两相的相序，就可以改变三相交流绕线转子异步电动机的转向。

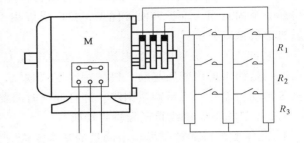

图 1-1-25　绕线转子异步电动机转子串电阻结构示意图

（2）三相交流绕线转子异步电动机的起动特性　三相交流绕线转子异步电动机的起动，一般采用转子回路串接电阻和转子回路串接频敏变阻器的方法起动。

1）三相交流绕线转子异步电动机转子回路串接电阻的起动。三相交流绕线转子异步电动机的转子回路串入适当的电阻，既可减小起动电流，又可提高起动转矩，改善电动机的起动性能，如图 1-1-26 所示。

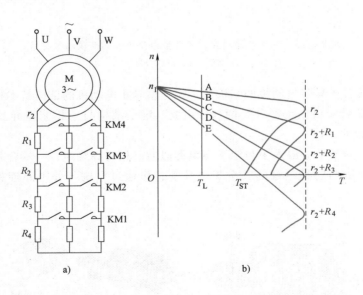

图 1-1-26　三相交流绕线转子异步电动机转子回路串接电阻起动

a）起动接线图　b）人为机械特性曲线

随着串入电阻的阻值逐步增大，机械特性将逐渐变软，起动转矩增大，当转子回路的总电阻与电动机漏感抗 X_{20} 相等时，起动转矩达到最大值。再进一步增大串入的电阻阻值，机械特性进一步变软，而起动转矩逐步减小，即起动电流逐步减小。

　　利用三相交流绕线转子异步电动机的这一特性，在起动时将全部电阻串入转子回路中，就可以降低起动电流，同时随着电动机转速逐渐加快，逐级切除起动电阻，电动机的转矩却逐步增大，直至最后将全部起动电阻从转子电路中切除，电动机进入额定工作状态运行。三相交流绕线转子异步电动机正是具备了这一特性，因此能够带重载起动，被广泛应用于提升机等需要重载起动的矿山设备中。

　　2）三相交流绕线转子异步电动机转子回路串接频敏变阻器的起动。三相交流绕线转子异步电动机转子串电阻起动，当切除电阻时，转矩突然增大，会在机械部件上产生冲击。为了克服这一缺点，多采用转子回路串接频敏变阻器的方式进行起动，如图1-1-27所示。频敏变阻器是一个三相铁心绕组（三相绕组接成星形），铁心一般做成三柱式，由12~50mm厚的E形钢板或铁板叠装而成，频敏变阻器的阻抗随线圈中所通过的电流频率而变化。起动时，转差率$S=1$，转子电流（频敏变阻器线圈通过的电流）频率最高，等于电源频率，因此频敏变阻器的阻抗最大，这就相当于起动时在转子回路中串接一个较大电阻，从而使起动电流减小。随着电动机转速的上升，转差率S逐渐减小，转子电流频率逐渐降低，频敏变阻器的阻抗也逐渐减小，最后把电动机的转子绕组短接，频敏变阻器从转子电路中切除，完成起动过程。

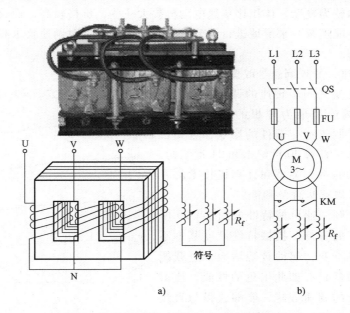

图1-1-27　绕线转子异步电动机转子回路串接频敏变阻器起动

a）频敏变阻器结构示意图　b）转子回路串接频敏变阻器的起动接线图

4. 三相交流异步电动机的调速特性

三相交流异步电动机的转速关系表达式为

$$n = \frac{60f}{p}(1-s)$$

在给定负载转矩T_L不变的前提下，调节异步电动机的转速，可以从p、f、s三个方面着手。

　　（1）变极调速　变极调速是通过改变电动机的极对数来实现电动机速度的改变。为了达到变极调速的目的，变速电动机要专门设计制作，一般有双速、三速、四速等多速电动机。变极调速的机械特性如图 1-1-28 所示。

将 1 对极（p）运行状态下的电动机切换到 2 对极（$2p$）运行状态，就改变了电动机的同步转速，电动机的速度不能突变，工作点随即从 Q 点转移到 $2p$ 的机械特性曲线上（位于 2 象限），速度下降，最终在新的工作点 Q′ 稳定运行，也就改变了电动机的转速。由此可见，极对

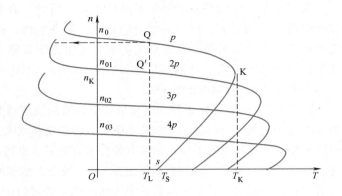

图 1-1-28　交流电动机变极调速的机械特性

数越多，电动机的同步转速越低，但起动转矩和临界转矩增大。

多速电动机的定子具有较多的抽头，有的采用两套绕组，这种方法一般只用于笼型异步电动机。由于绕制较为复杂，体积比单速电动机要大一些，价格较高，而且这种调速方法是一种有级调速，不能连续、平滑地进行调节，调速平滑性差，对调速要求高的场合是无法满足生产工艺要求的。

（2）变频调速　变频调速是改变电动机定子电源频率，从而改变其同步转速的调速方法。从理论上看，变频调速是最为理想的一种调速方式，但一直以来受制于逆变器件的影响，近一百年来无法梦想成真。直到 20 世纪末和 21 世纪初，随着电力电子技术的重大突破和计算机技术的发展，这项技术才得以逐步普及和推广。

交流电动机变频调速机械特性如图 1-1-29 所示，随着电源频率的降低，机械特性硬度基本不变，临界转矩基本不变，起动转矩增大，过载能力增强。正是变频器具有如此出色的性能，使得变频调速成为最佳的调速方式，能够获得与直流电动机调速性能相近的无级调速效果。

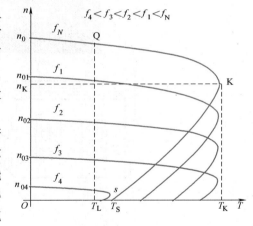

图 1-1-29　交流电动机变频调速机械特性

现在的变频技术不但能够在额定频率下实现调速，还能够在额定频率以上调速，调速范围非常宽广，能够满足各种各样的拖动需要。图中 f_4 对应的曲线为低频起动性能，在低频时，由于受到电动机线圈内阻的影响，需要增加适当的电压补偿以满足低频起动和运行。

变频技术的应用是电力拖动领域的一场重大变革，正在以前所未有的速度应用到生产、生活的各个领域，变频调速代表着未来的发展趋势。

（3）变转差率调速　改变转差率有两种方法，即转子回路串电阻及转子回路串附加电动势。

转子回路串电阻调速只适用于绕线转子异步电动机。转子回路串电阻后，最大转矩不

变，临界转差率增大，机械特性变软，在额度负载下，只能得到低于额度转速的速度，属于恒转矩调速。

异步电动机降压调速属于改变转差率的调速方式，降压后转矩大幅降低，只适用于低速、负载轻的场合。

降压调速及转子回路串电阻调速的机械特性在前面已有说明，此处不再累述。

5. 三相交流绕线转子异步电动机的基本特点

（1）优点　三相绕线转子异步电动机在转子回路中串入电阻起动，实现了减小起动电流、增大起动转矩的目的，解决了大功率重载设备不易起动的问题。被广泛应用于矿山、化工、机械等各领域的球磨机、破碎机、电梯、风机、空压机、桥式起重机、矿井提升机、轧钢机等机械设备中。

（2）缺点　绕线转子异步电动机由于增加了转子绕组、集电环和电刷，造成结构复杂，成本增加，降低了起动和运行的可靠性，维护费用增加等。

6. 电动机的铭牌

三相异步电动机的铭牌如图 1-1-30 所示。铭牌上注明了电动机的主要技术参数，是选择、安装、使用和维修电动机的重要依据。

（1）型号：型号不同表明用途不同，使用环境不同。以 Y132M—4 型电动机为例，型号标注说明如图 1-1-31 所示。

图 1-1-30　三相异步电动机的铭牌

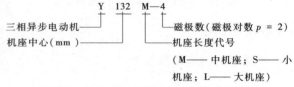

图 1-1-31　交流电动机型号标注说明

（2）额定功率 P_N　是指电动机在额定运行时，转轴上输出的机械功率，单位是 kW。

（3）额定电压 U_N　是指电动机额定运行时，电网加在定子绕组上的线电压，单位是 V 或 kV。

（4）额定电流 I_N　是指电动机在额定电压下，输出额定功率时，定子绕组中的线电流，单位是 A。

（5）额定转速 n_N　是指电动机额定运行时转子的转速，单位是 r/min。

（6）额定频率 f_N　是指电动机所接电源的频率，单位是 Hz。中国的电网频率为 50Hz。

（7）额定功率因数 $\cos\phi_N$　是指电动机额定运行时，定子电路的功率因数。一般中小型异步电动机 $\cos\phi_N \approx 0.8$。功率因数指电动机从电网所吸收的有功功率与视在功率的比值。视在功率一定时，功率因数越高，有功功率越大，电动机对电能的利用率也越高。

（8）接法　表示电动机在额定运行时，定子绕组所采用的连接方式，有丫联结或△联结。

（9）定额（工作制）　电动机定额是指三相异步电动机的运行状态，即允许连续工作的时间。通常分为连续、短时和断续三种工作制。连续工作制（S1）是指电动机连续不断地工作很长时间而温升不超过铭牌允许值的运行。短时工作制（S2）表示电动机不能连续工作，只能在规定的较短时间内运行。断续工作制（S3）表示电动机只能短时（小于10min）周期性的运行，但可以断续地重复起动运行和停止。

（10）温升　电动机运行中有部分电能转换成了热能，使电动机温度升高。工作经过一定时间后，机身温度达到稳定状态时，电动机发热的最高温度与环境温度之差，叫作电动机的温升。而环境温度一般规定为40℃。如果温升为60℃，表明电动机发热温度不能超过100℃。

（11）绝缘等级　是指电动机绕组所用绝缘材料的耐热能力，反映了电动机允许的最高工作温度。一般有7个等级，即为Y级，90℃；A级，105℃；E级，120℃；B级，130℃；F级，155℃；H级，180℃；C级，大于180℃。

三、技能训练

根据学生人数，分别准备好直流电动机、三相笼型异步电动机和绕线转子异步电动机各数台，组织学生开展下述训练。

1）对电动机的外形和结构进行认真观察，查看铭牌数据，熟悉和理解相关数据的基本含义，并填写铭牌数据说明表。

2）打开电动机接线盒，对接线端子和绕组进行识别，用万用表对绕组进行测量，熟悉绕组与接线端子的对应连接关系，画出绕组端子连接示意图。

3）对电动机模型或拆卸后的电动机进行认真观察，进一步加深对电动机结构和工作原理的理解，填写电动机结构与功能表。

4）在有条件的情况下，也可组织学生对电动机进行拆装训练，掌握电动机拆装步骤和方法，为学习电动机的维修打下基础。

➤【课题小结】

本课题的内容结构如下：

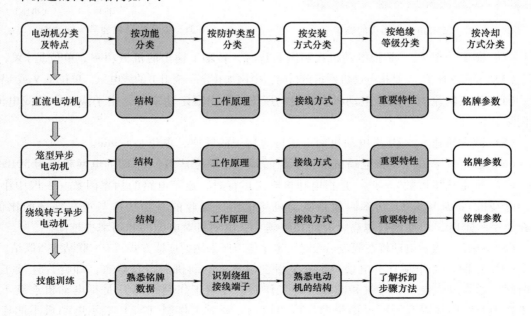

说明：

（1）本课题是学习电气控制的基础，对后续内容的学习十分重要。

（2）教学过程中应结合实物、联系实际进行讲授，注意培养学习兴趣。

（3）蓝色框内为本课题的难点内容，应进行重点讲解和指导。

➤【效果测评】

根据本课题学习内容，按照表 1-1-3 所列内容，对学习效果进行测评，检验教学达标情况。

表 1-1-3 考核评分记录表

考核目标	考核内容		考核要求	评分标准	配分	自评	互评	师评
知识目标（70分）	电动机的分类		熟悉电动机分类方法	分类方法 3 分；种类 2 分	5			
	直流电动机	结构组成与作用	熟悉组成及功能	结构 3 分；作用 2 分	5			
		工作原理	概念清楚，表述准确	磁场的产生 2 分；转矩的形成 3 分	5			
		重要特性	思路清晰，内容完整	正反转 2 分；起动方法 2 分；机械特性 3 分；制动方法 2 分	9			
		优缺点	熟悉电动机特点	优点 2 分；缺点 1 分	3			
	笼型交流异步电动机	结构组成与作用	熟悉组成及功能	结构 3 分；作用 2 分	5			
		工作原理	概念清楚，表述准确	磁场的产生 2 分；转矩的形成 3 分	5			
		重要特性	思路清晰，内容完整	正反转 1 分；起动方法 4 分；机械特性 3 分；制动方法 1 分	9			
		优缺点	熟悉电动机的特点	优点 2 分；缺点 1 分	3			
	绕线转子交流异步电动机	结构组成与作用	熟悉组成及功能	结构 2 分；作用 3 分	5			
		工作原理	概念清楚，表述准确	磁场的产生 2 分；转矩的形成 3 分	5			
		重要特性	思路清晰，内容完整	正反转 2 分；起动方法 2 分；机械特性 2 分；制动方法 2 分	8			
		优缺点	熟悉电动机特点	优点 2 分；缺点 1 分	3			
能力目标（30分）	直流电动机	填写铭牌参数表	表格规范，表述准确	型号含义 1 分；参数 2 分	3			
		绘制电动机电气符号与端子连接示意图	掌握电动机电气符号与端子连接示意图	电动机电气符号 2 分；端子连接示意图 2 分	4			
		填写电动机结构与功能表	结构完整，作用明确	名称 1 分；功能 2 分	3			

（续）

考核目标	考核内容		考核要求	评分标准	配分	自评	互评	师评
能力目标（30分）	笼型交流异步电动机	填写铭牌参数表	表格规范，表述准确	型号含义1分；参数2分	3			
		绘制电动机电气符号与端子连接示意图	掌握电动机电气符号与端子连接示意图	电动机电气符号2分；端子连接示意图2分	4			
		填写电动机结构与功能表	结构完整，作用明确	名称1分；功能2分	3			
	绕线转子交流异步电动机	填写铭牌参数表	表格规范，表述准确	型号含义1分；参数2分	3			
		绘制电动机电气符号与端子连接示意图	掌握电动机电气符号与端子连接示意图	电动机电气符号2分；端子连接示意图2分	4			
		填写电动机结构与功能表	结构完整，作用明确	名称1分；功能2分	3			
总　分					100			

课题二　常用低压电器

低压电器是电力拖动与运行控制的重要器件，是实现电气控制的物质基础。熟悉和掌握电器、特别是常见低压电器的结构和工作原理，是实施电气控制的需要，也是电气运行、电气控制线路日常检修维护的需要。

▶【教学目标】

知识目标：

（1）了解电器分类方法，熟悉各类电器的特点和用途。

（2）熟悉和掌握常用低压电器的结构和工作原理。

（3）熟悉和掌握常用低压电器的图形符号和文字符号。

能力目标：

（1）能熟练识别各类常用低压电器。

（2）熟悉和掌握常用低压电器的用途、型号和规格。

（3）掌握常用低压电器的选择和使用方法。

▶【教学任务】

低压电器分类；常用低压电器简介；技能训练。

▶【教·学·做】

低压电器是指用于交流额定电压为1200V及以下、直流额定电压为1500V及以下的电路中起通断、保护、控制或调节作用的电器产品。低压电器是电气控制的基础，熟悉常用低压电器的功能和作用意义重大。

一、低压电器分类

（一）按用途分类

（1）控制电器　用于各种控制电路和控制系统的电器，如接触器、中间继电器、时间继电器等。

（2）主令电器　用于自动控制系统中发送控制指令的电器，如按钮、主令开关、限位开关等。

（3）保护电器　用于保护电路及发送控制指令以控制其他电器动作的电器，如熔断器、热继电器、避雷器等。

（4）配电电器　用于电能输送和分配的电器，如断路器、刀开关等。

（5）执行电器　用于完成某种动作或传动功能的电器，如电磁阀、电磁离合器等。

（二）按工作原理分类

（1）电磁式电器　是指依据电磁感应原理来工作的电器，如交直流接触器、各种电磁式继电器等。

（2）非电量控制电器　是指靠外力或某种非电物理量的变化而动作的电器，如刀开关、速度继电器、压力继电器、温度继电器等。

（三）按动作方式分类

（1）手动电器　依靠人体的某一部分操作而动作的电器，如刀开关、按钮等。

（2）自动电器　依靠电器本身参数的变化或外来信号的作用，能自动完成电器触头的闭合或断开的电器，如接触器、中间继电器等。

二、常用低压电器简介

（一）断路器

常用的低压开关一般有负荷开关、组合开关和低压断路器，主要用于隔离、转换、接通或分断电路。图 1-2-1 所示为负荷开关的外形与电气符号；图 1-2-2 所示为组合开关的电气符号。由于负荷开关和组合开关结构简单、操作方便，这里不详细讲解，重点讲解低压断路器。

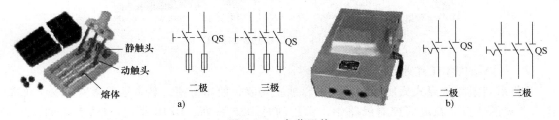

图 1-2-1　负荷开关
a）开启式负荷开关　b）封闭式负荷开关

1. 基本功能

低压断路器集控制和多种保护功能于一体，除能接通和分断电路外，还能对电路中发生的短路、严重过载和欠电压等故障实现自动跳闸，切断故障电路，保护用电设备的安全。另外，带有漏电保护功能的断路器还具有漏电保护功能，能防止触电事故的发生。低压断路器是低压

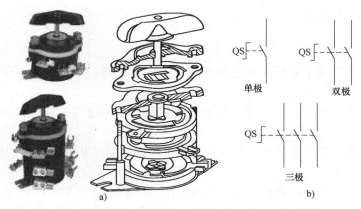

图 1-2-2 组合开关

a）组合开关外形图 b）符号图

配电网络和电力拖动系统中非常重要的一种电器，图 1-2-3 所示为几款低压断路器的外形。

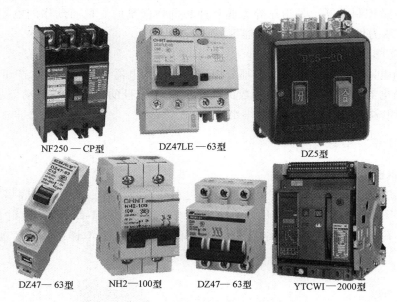

NF250—CP型   DZ47LE—63型   DZ5型

DZ47—63型   NH2—100型   DZ47—63型   YTCWI—2000型

图 1-2-3 低压断路器的外形

2. 主要结构和工作原理

DZ 系列塑料外壳式低压断路器，可以独立安装，使用方便，具有结构紧凑、安全可靠、轻巧美观的特点。在电气控制线路中，常用的是 DZ5 系列、DZ10 系列、DZ15 系列、DZ47系列等低压断路器。

低压断路器主要由触头系统、灭弧装置、操作机构和保护装置（各种脱扣机构）等几部分组成。图 1-2-4 所示为 DZ5 系列断路器的结构。图 1-2-5 所示为断路器的工作原理。

将断路器的三对主触头串联在被控制的三相主电路中，按下合闸按钮（绿色）时，三对主触头闭合，接通主电路电源。

（1）过载保护功能 当线路发生过载时，过大的电流流过热元件使双金属片受热向上弯曲，通过杠杆推动搭钩与锁扣脱开，在反作用弹簧的推动下，三对主触头分开，切断主电路电源，用电设备得到保护。

（2）短路保护功能　当线路发生短路故障时，短路电流产生足够大的电磁吸力将衔铁吸合，通过杠杆推动搭钩与锁扣分开，切断电路，实现短路保护。低压断路器出厂时，过电流脱扣器的瞬时脱扣整定电流一般整定为 $10I_N$（I_N 为断路器的额定电流）。

（3）欠电压保护功能　若电网电压下降至额定工作电压的 70%，失电压脱扣器的衔铁将被释放，自由脱扣机构动作，使断路器触点分离，从而切断电路，保证了电路及设备的安全。

图 1-2-4　DZ5 系列断路器的结构

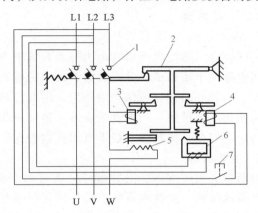

图 1-2-5　断路器的工作原理

1—主触头　2—脱扣机构　3—过电流脱扣器　4—分励脱扣器
5—热脱扣器　6—欠电压脱扣器　7—分励按钮

需手动分断电路时，按下分闸按钮（红色），断路器触点分离，断开电源。若需要远距离断开断路器，则将分励按钮接入控制电路中，当按下分励按钮时，分励脱扣器动作即可使断路器自动分断。

3. 型号规格

低压断路器的型号及含义如图 1-2-6 所示。

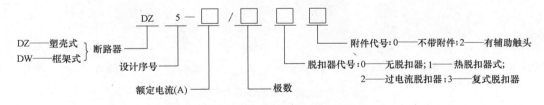

图 1-2-6　低压断路器的型号及含义

4. 选用方法

低压断路器的选用原则如下。

1）根据额定电流和保护要求确定低压断路器的类型（即框架式、塑料外壳式、限流式）。

2）额定电流和额定电压分别不小于电路工作电流和电压。

3）热脱扣器的整定电流应等于所控制负载的额定电流。

4）过电流脱扣器的整定电流 I_z 大于负载电路正常工作时的峰值电流；控制电动机的断

路器，应满足 $I_Z \geq KI_{ST}$（I_{ST} 为电动机起动电流，$K = 1.5 \sim 1.7$）。

5）欠电压脱扣器的额定电压应等于线路的额定电压。

6）断路器的极限通断能力大于或等于电路的最大短路电流。

5. 图形与文字符号

断路器的图形与文字符号如图 1-2-7 所示。

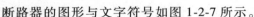

图 1-2-7　断路器的图形与文字符号

（二）熔断器

1. 基本功能

熔断器在低压配电网络和电力拖动系统中主要用于短路保护。熔断器串联在被保护电路中，当电路发生短路或严重过载时，过大的电流通过熔体，产生的热量使熔体熔断，自动切断电路，起到短路和过载保护的作用。熔断器对短路故障的动作具有瞬时动作特性，而对过载反应是很不灵敏的。当电气设备发生轻度过载时，熔断器将持续很长时间才熔断，有时甚至不熔断。因此，熔断器一般不宜用作过载保护，主要用作短路保护。

2. 主要结构

熔断器一般由熔体、安装熔体的熔管和熔座三部分组成。熔体是熔断器的核心组成部分，常做成丝状、片状或栅状。熔体的材料通常有两种：一种是由铅、铅锡合金或锌等低熔点材料制成的，多用于小电流电路；另一种是由银、铜等较高熔点的金属制成的，多用于大电流电路。熔管是熔体的保护外壳，用耐热绝缘材料制成的，在熔体熔断时兼有灭弧作用。熔座是熔断器的底座，作用是固定熔管和外接引线。

3. 熔断器的种类

低压熔断器的类型很多，按结构形式可分为瓷插式 RC、螺旋式 RL、有填料式 RT、无填料密封式 RM、快速熔断器 RS 和自复式熔断器等几种，如图 1-2-8 所示。

瓷插式　　　螺旋式　　　　有填料　　　　无填料　　　自复式　　　符号

图 1-2-8　熔断器的外形及符号

（1）瓷插式熔断器　插入式熔断器的熔丝用螺钉固定在瓷盖上，然后插入底座。它由瓷座、瓷盖、动触头、静触头及熔丝五部分组成，一般用在交流 50Hz、额定电压为 380V 及以下、额定电流为 200A 及以下的低压线路末端或分支电路中，用于电气设备的短路保护及一定程度的过载保护。但是，在有易燃易爆的工作场所禁止使用。

（2）螺旋式熔断器　螺旋式熔断器属于有填料封闭管式熔断器，它由瓷帽、熔管、瓷套、上接线座、下接线座及瓷座等部分组成。在熔断器中的熔体熔断的同时，金属丝也熔断，弹簧释放，把指示件顶出，以显示熔断器已经动作。熔体熔断后，只要旋开瓷帽，取出已熔断的熔体，装上相同规格的熔体，再旋入瓷座内即可正常使用，操作既安全又方便。

螺旋式熔断器广泛应用于控制箱、配电屏、机床设备及振动较大的场合，在交流额定电压为500V、额定电流为200A及以下的电路中作为短路保护器件。接线时应按"下进上出"（即底座接进线端、上接线端接出线）的原则进行接线，以保证使用的安全。

（3）有填料封闭管式熔断器　有填料封闭管式熔断器主要由瓷熔管、栅状铜熔体、夹头、夹座和底座等部分组成。在短路电流通过时，它可使截面积较小的地方先熔断，形成多段短弧。在熔体周围填满了硅砂，用于冷却，使电弧迅速灭弧。这种熔断器具有很强的灭弧能力，并具有限流的作用，即在短路电流还未达到最大值时就能完全熄灭电弧。有填料封闭管式熔断器是一种大分断能力的熔断器，广泛用于短路电流较大的电力输配电系统中，用于电缆、导线和电气设备的短路保护及导线、电缆的过载保护。

（4）无填料封闭管式熔断器　无填料封闭管式熔断器主要由纤维管、变截面的锌熔片、夹头及夹座等部分组成。这种结构的熔断器适用于交流50Hz、额定电压为380V或直流额定电压为440V及以下电压等级的电力线路和成套配电设备中，用于导线、电缆及较大功率电气设备的短路和连续过载保护。

（5）快速熔断器　快速熔断器又叫作半导体器件保护用熔断器，主要用于硅整流管及其成套设备的过电流保护。其特点是熔断时间短（在6倍额定电流时，熔断时间不大于20ms），动作快。常用型号有RLS、RSO、RS3系列等。RLS系列主要用于小容量硅整流管及其成套设备的过电流保护；RSO系列主要用于大容量硅整流管及其成套设备的过电流保护。

（6）自复式熔断器　普通熔断器的熔体一旦熔断，必须更换新的熔体，这就给使用带来不便，而且延缓了供电时间。目前，市场上出现了一种可重复使用一定次数的自复式熔断器。自复式熔断器是一种采用气体、超导体或液态金属钠等作为熔体的限流电器。在常温下是固体，电阻值较小，构成电流通路。当发生短路故障时，在短路电流产生的高温作用下，局部液态金属钠迅速升华而蒸发使阻值剧增，即瞬间呈现高阻状态，从而限制了短路电流。当故障消失后，温度下降，金属钠蒸气冷却并凝结，自动恢复至原来的导电状态。自复式熔断器具有动作时间短、动作后不需更换熔体、限流作用显著和能重复使用等优点，主要在交流380V的电路中与断路器配合使用。熔断器的电流有100A、200A、400A、600A四个等级。

4. 规格型号

熔断器的规格型号如下：

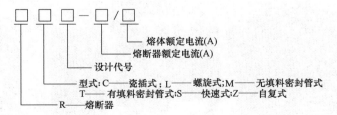

5. 选用方法

（1）类型选择　根据电气控制线路负载的性质、使用场合、短路电流的大小和安装条件的整体设计进行选择。

（2）额定电压选择　熔断器的额定电压应不小于线路的额定工作电压。

（3）额定电流选择　熔断器的额定电流必须不小于所装熔体的额定电流。

（4）极限分断能力选择　熔断器的分断能力应大于电路中可能出现的最大短路电流。

（5）熔体额定电流选择　可遵循以下四条原则进行选择。

1）用于不经常起动且起动时间不长的电动机的短路保护时，应对电动机起动冲击电流予以考虑，故选择熔体的额定电流应为

$$I_{RN} \geq (1.5 \sim 2.5) I_N$$

式中　I_{RN}——熔体额定电流；

　　I_N——电动机的额定电流。

2）用于多台电动机的短路保护时，熔体的额定电流应为

$$I_{RN} \geq (1.5 \sim 2.5) I_{Nmax} + \sum I_N$$

式中，I_{Nmax}为功率最大的电动机的额定电流；$\sum I_N$为其余电动机额定电流的总和。

3）电路上、下两级均设短路保护时，两级熔体额定电流的比值不小于 1.6:1，以使两级保护达到良好配合。

4）对于照明电路、电炉等阻性负载，因没有冲击电流的短路保护，可取 $I_{RN} \geq I_N$（I_N 为电路工作电流）。

（三）接触器

接触器是用来接通或断开交、直流主电路以实现自动控制的电器，常用于通断电动机、电热器、电焊机、照明等电气设备的电源，能对其实施远距离控制，频繁接通和断开主电路，并具有失电和欠电压自动保护功能。其具有控制容量大，工作可靠，操作频率高，使用寿命长等特点，是自动控制系统和电力拖动中的重要元件之一，在工厂电气设备控制中获得了广泛的应用。

接触器大致可分为以下两类：一类是交流接触器，常用的为 CJ10、CJ40、CJ12、CJ20 和引进的 CJX、3TB、B 等系列；另一类是直流接触器，常用的是 CZ0—20、CZ0—40、CZ0—150、CZ0—250 等系列。

1. 交流接触器

（1）主要结构　交流接触器的种类很多，外形和性能也在不断地改进和提高，但是功能始终不变。交流接触器一般又可分为电磁式、永磁式和真空式三种。其中，空气电磁式交流接触器的应用最广。图 1-2-9 所示为交流接触器的外形。

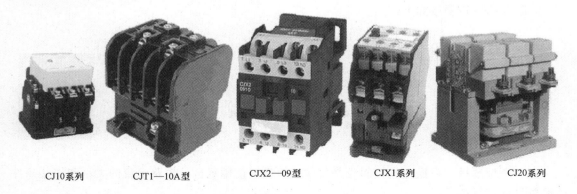

CJ10系列　　　　CJT1—10A型　　　　CJX2—09型　　　　CJX1系列　　　　CJ20系列

图 1-2-9　交流接触器的外形

交流接触器主要由电磁系统、触头系统、灭弧装置及辅助部件等部分组成。图 1-2-10

所示为交流接触器的结构。

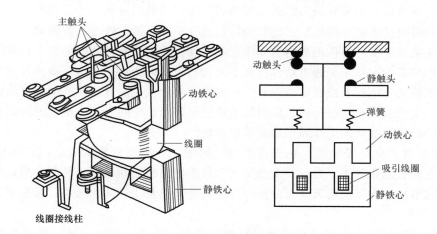

图 1-2-10 交流接触器的结构

1）电磁系统。电磁系统主要由线圈、静铁心和动铁心（衔铁）三部分组成。其作用是将电磁能转换成机械能，产生电磁吸力带动触头动作。

为了减小剩磁的影响，防止线圈断电后动、静铁心粘住不能释放而影响电器工作的可靠性，在铁心的两个端面上嵌装有短路环，如图 1-2-11 所示。

图 1-2-11 中 Φ_1 是线圈中电流产生的磁通，Φ_2 是短路环中感应电流产生的磁通。交流接触器就是利用电磁系统中线圈的通电或断电，使静铁心吸合或释放衔铁，从而带动动触头与静触头闭合或分断，实现接触器对电路的接通或断开的。

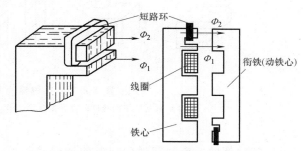

图 1-2-11 交流接触器的短路环

CJ10 系列交流接触器的衔铁运动方式一般有两种，即直线运动式和绕轴转动拍合式，如图 1-2-12 所示。额定电流为 40A 及以下的一般采用直线运动式，而额定电流为 60A 及以上的一般采用绕轴转动拍合式。

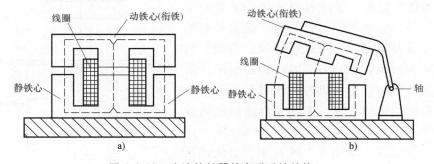

图 1-2-12 交流接触器的电磁系统结构

a）衔铁直线运动式 b）衔铁绕轴转动拍合式

2）触头系统。触头是接触器的执行部分，包括主触头和辅助触头。主触头用于接通和分断主回路，通常由三对常开触头组成。辅助触头用以通断电流较小的控制电路，通常由两对常开触头和两对常闭触头组成。它们和动铁心连在一起，随动铁心一起联动。

常开触头是指未受外力作用或电磁系统未通电动作前处于断开状态的触头；常闭触头是指未受外力作用或电磁系统未通电动作前处于闭合状态的触头。一个电器中如果同时具有常开触头和常闭触头，电磁系统通电动作时，一定是常闭触头先断开，常开触头后闭合；电磁系统断电时，常开触头先复位打开，常闭触头后复位闭合。中间有一个很短的时间差，虽然很短，但对分析控制线路的工作原理确实非常重要。

3）灭弧装置。交流接触器主触头在断开电路时，会在动、静触头之间产生很强的电弧。电弧一方面会灼伤触头，另一方面会使开关切断电路的时间延长，甚至会造成弧光短路或引起电火灾事故。为尽快熄灭触头分断时产生的电弧，免于烧坏主触头，接触器需要配装灭弧装置。

交流接触器常用的灭弧装置有双断口结构的电动力灭弧、纵缝灭弧、栅片灭弧，如图1-2-13所示。

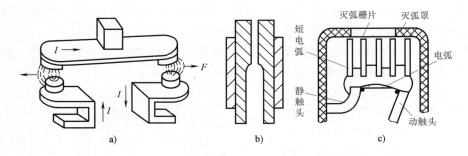

图 1-2-13　接触器的灭弧装置

a）双断口结构的电动力灭弧装置　b）纵缝灭弧　c）栅片灭弧

4）辅助部件。辅助部件包括反作用弹簧、缓冲弹簧、触头压力弹簧、传动机构、接线柱及绝缘外壳等。

反作用弹簧的作用是线圈断电后，推动衔铁释放，带动触头复位；缓冲弹簧的作用是缓冲衔铁吸合时对静铁心和外壳的冲击力，确保外壳的安全；触头压力弹簧的作用是增加动、静触头间的压力，从而增大接触面积，减小接触电阻，防止触头过热而损坏；传动机构的作用是带动动触头与静触头的接触或分离，实现对电路的接通或分断。

（2）工作原理　如图1-2-14所示，当接触器电磁线圈不通电时，在弹簧的反作用力下，克服衔铁的自重使主触头保持断开位置。当接触器的

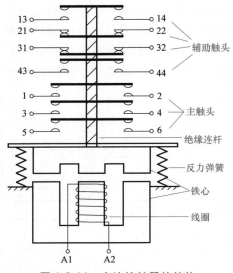

图 1-2-14　交流接触器的结构

线圈通电后，线圈中流过的电流产生磁通，在动、静铁心之间产生电磁力，此电磁吸力克服弹簧反力的作用而将衔铁吸合，带动触头机构动作，使常闭触头先断开，常开触头后闭合。当线圈失电或线圈两端电压显著降低时，电磁吸力小于弹簧反力，使得衔铁释放，触头系统复位（恢复原始状态）。图 1-2-15 所示为交流接触器的图形和文字符号。

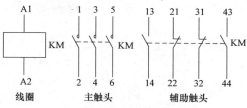

图 1-2-15　交流接触器的图形和文字符号

2. 直流接触器

直流接触器主要用于远距离接通和分断额定电压至 440V、额定电流至 600A 的直流线路。其适用于频繁地起动、停止、反转和反接制动直流电动机，也用于频繁地接通和断开起重电磁铁、电磁阀、离合器的电磁线圈等的控制。常用的直流接触器有 CZ18、CZ21、CZ22、CZ0 等系列。图 1-2-16 所示为直流接触器的外形。

CZ0—400/20型　　CZ0系列　　ZJW100A—2型　　CZ10系列　　CZ0系列

图 1-2-16　直流接触器的外形

（1）主要结构　直流接触器的结构与交流接触器基本相同，也由电磁机构、触头系统、灭弧装置等部分组成，在结构上有立体布置和平面布置两种结构。图 1-2-17 所示为直流接触器的结构。

1）电磁系统。直流接触器电磁系统由铁心、线圈和衔铁等组成，多采用绕棱角转动的拍合式结构。

由于线圈中通的是直流电，正常工作时磁通不会变化，因而铁心中不会产生涡流，故铁心不发热，没有铁损耗，因此铁心可用整块铸铁或铸钢制成，并且不需要在铁心端面嵌装短路环。

2）触头系统。直流接触器的触头也有主触头和辅助触头之分。主触头一般做成单极或双极，由于触头接通或断开的电流较大，所以多采用滚动接触的指形触头；辅助触头的接通或断开电流较小，常采用点接触的双断点桥式触头。图 1-2-18 所示为滚动接触的指形触头。

3）灭弧装置。直流接触器的主触头在分断较大直流电流时，会产生强烈的电弧。由于直流电弧不像交流电弧有自然过零点，因此灭弧更困难，更容易烧伤触头和延时断电，造成电器和线路设备损坏。直流接触器一般采用磁吹式灭弧装置结合其他灭弧方法灭弧（装有隔板及陶土灭弧罩）。磁吹式灭弧装置的灭弧是靠磁吹力的作用使电弧拉长，并在空气和灭弧罩中快速冷却，从而使电弧迅速熄灭的。

为了减小运行时的线圈功耗及延长吸引线圈的使用寿命，容量较大的直流接触器线圈往

往采用串联双绕组,如图 1-2-19 所示。接触器的一个常闭触头与保持线圈并联。在电路刚接

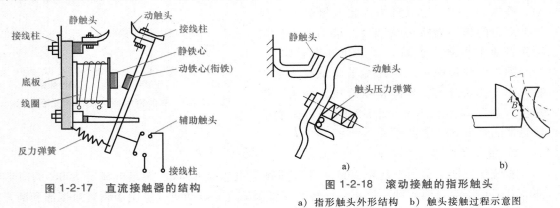

图 1-2-17 直流接触器的结构

图 1-2-18 滚动接触的指形触头

a)指形触头外形结构 b)触头接触过程示意图

通瞬间,保持线圈被辅助常闭触头短路,可使起动线圈获得较大的电流和吸力。当接触器动作后,起动线圈和保持线圈串联通电,由于电压不变,所以电流较小,但仍可保持衔铁被吸合,从而达到省电的目的。

（2）工作原理 直流接触器的工作原理与交流接触器的工作原理基本相同。

（3）规格型号

1）交流接触器的型号及含义如下:

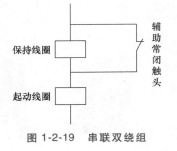

图 1-2-19 串联双绕组

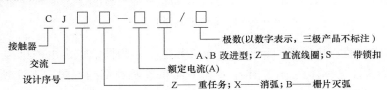

2）直流接触器的型号及含义如下:

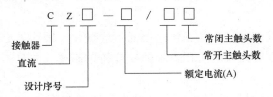

（4）选用方法

1）类型选择:根据电路中负载电流的种类选择接触器的类型,即交流负载选用交流接触器,直流负载选用直流接触器。

交流接触器按负荷种类可分为一类、二类、三类和四类,分别记为 AC1、AC2、AC3 和 AC4。白炽灯、电阻炉等无感或微感负荷选一类;绕线转子异步电动机的起动和停止控制选二类;笼型异步电动机的运转和运行选三类;笼型异步电动机的起动、反接制动、反转和点动控制选四类。

2）主触头的额定电压:接触器主触头的额定电压应不小于所控制负载电路的额定电压。

3）主触头的额定电流：接触器主触头的额定电流应不小于被控主电路的额定电流。

若电动机的操作频率不高，如压缩机、水泵、风机、空调、冲床等，接触器的额定电流大于负荷额定电流即可，接触器类型可选用 CJ10、CJ20 等。对于重任务型电动机，如机床主电动机、升降设备、绞盘、破碎机等，其平均操作频率超过每分钟 100 次，运行于起动、点动、正反向制动、反接制动等状态，可选用 CJ10Z、CJ12 型的接触器。选用时，接触器的额定电流应大于电动机额定电流。

4）吸引线圈的额定电压：接触器吸引线圈的额定电压应与所接控制电路的额定电压等级一致。当线路简单、使用电器较少时，可选用 220V 或 380V；当线路复杂、使用电器较多或不太安全的场所，可选用 36V、110V 或 127V。

5）触头的数量和种类：接触器的触头数量、种类应满足控制线路的要求。

（5）接触器的电气符号　直流接触器的电气符号与交流接触器相同。

（四）热继电器

1. 基本功能

热继电器是利用电流的热效应原理和反时限动作的自动保护电器。图 1-2-20 所示为热继电器的外形。热继电器主要与接触器配合使用，实现对电动机的过载保护、断相保护、三相电流的不平衡保护及其他电气设备的发热状态的控制保护。

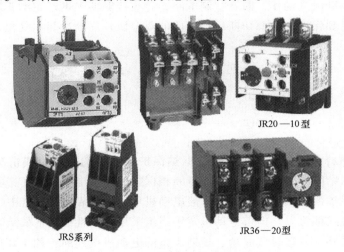

JR20—10型

JRS系列

JR36—20型

图 1-2-20　热继电器的外形

2. 主要结构

热继电器的形式有多种，其中以双金属片式热继电器的应用为最广。其按极数可分为单极、两极和三极，三极又可分为三相带断相保护装置和三相不带断相保护装置两种；按复位方式又可分为手动复位和自动复位两种。

图 1-2-21 所示为双金属片式热继电器的结构。它主要由加热元件、双金属片、触头、动作机构、复位按钮及电流整定装置等部分组成。

3. 工作原理

热继电器使用时，热元件串联在主电路中，常闭辅助触头串联在控制电路中。当主电路正常工作时，流过热元件的电流所产生的热量，不足以推动双金属片弯曲；当电动机过载，

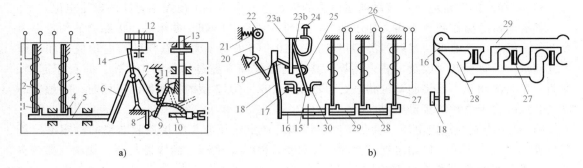

a)   b)

图 1-2-21   双金属片式热继电器的结构

a）两极双金属片式 b）三极双金属片式

1、4—主双金属片 2、3—加热元件 5—导板 6—温度补偿片 7—推杆 8—静触头 9—动触头 10—调节螺钉
11—弹簧 12—凸轮旋钮 13—手动复位按钮 14—支撑杆 15—动触头 16—杠杆 17—复位调节螺钉 18—补偿
双金属片 19—推杆 20—连杆 21—压簧 22—电流调节凸轮 23a、23b—片簧 24—手动复位按钮
25—弓簧 26—加热元件 27—主双金属片 28—外导板 29—内导板 30—常闭触头

电路中产生过电流时，流过热元件的电流产生的热量剧增，双金属片逐步发生弯曲，推动连杆动作，促使其辅助触头动作，断开控制电路，导致接触器失电，主触头断开，切断电动机电源，使电动机受到保护。电源切断后，弯曲的双金属片逐渐冷却而复位。

4. 型号含义

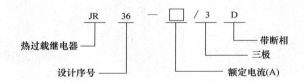

5. 选用方法

（1）类型的选择 热继电器主要应根据被保护电动机的定子接线情况来选择。当电动机定子绕组为△联结时，必须采用三极式带断相保护的热继电器；对于丫联结的电动机，一般采用不带断相保护的热继电器。由于一般电动机采用丫联结时都不带中性线，因此热继电器用两极式或三极式都可以。但若电动机定子绕组采用带中性线的丫联结时，热继电器一定要选用三极式。另外，一般轻载起动、长期工作的电动机或间断长期工作的电动机，宜选择二相结构的热继电器；当电动机的电流和电压均衡性较差、工作环境恶劣或较少有人看管时，可选用三相结构的热继电器。

（2）额定电流的选择 正常情况下，必须保证电动机的起动不致使热元件误动。在电动机起动电流为额定电流的 6 倍，起动时间不超过 6s，并且很少连续起动的条件下，一般可按电动机的额定电流来选择热继电器，或使热继电器的额定电流略大于电动机的额定电流。

（3）热元件整定电流的选择 根据热继电器的整定电流值选择热元件的编号和电流等级。一般情况下，热元件的整定电流应为电动机额定电流的 0.95～1.05 倍；对过载能力差的电动机，可将热元件整定值调整到电动机额定电流的 0.6～0.8 倍；当电动机起动时间较长、拖动冲击负载或不允许停车时，可将热元件的整定电流调节到电动机额定电流的 1.1～1.15 倍。

6. 电气符号

热继电器的新文字符号为 KH，旧文字符号为 FR，如图 1-2-22 所示。

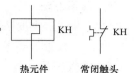

热元件　　常闭触头

图 1-2-22　热继电
器的电气符号

（五）中间继电器

1. 基本功能

中间继电器主要用在继电保护和自动控制电路中，用于传递中间信号。它的输入信号为线圈的通电或断电，输出信号为触头的闭合动作或断开动作。

2. 主要结构

图 1-2-23 所示为中间继电器的外形。中间继电器的结构和原理与交流接触器的基本相同，即由静铁心、动铁心、弹簧、动触头、静触头、线圈、接线端子和外壳等组成。

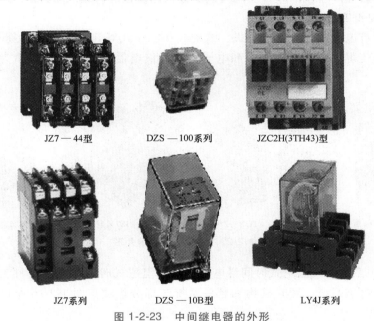

JZ7—44型　　　　　DZS—100系列　　　　JZC2H(3TH43)型

JZ7系列　　　　　DZS—10B型　　　　　LY4J系列

图 1-2-23　中间继电器的外形

3. 工作原理

线圈通电，动铁心在电磁力作用下被吸合动作，带动动触头动作，使常闭触头先分开，常开触头后闭合；线圈断电，动铁心在弹簧的作用下带动触头复位。

中间继电器与接触器的主要区别在于：接触器有灭弧罩，有主、辅触头之分，且主触头可以通过大电流；而中间继电器没有灭弧罩，触头也没有主、辅触头之分，全部是辅助触头，只能用于控制电路中；但中间继电器的触头数量比较多，如 JZ14 系列中间继电器触头对数可达 8 对，有 6 常开、2 常闭，4 常开、4 常闭，2 常开、6 常闭的组合方式。

4. 型号规格

中间继电器的型号含义如下：

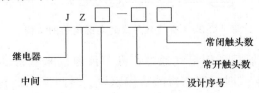

继电器　　　　　　　　　　　　　常闭触头数

中间　　　　　　　　　　　常开触头数

　　　　　　　　　　　　设计序号

5. 选用方法

中间继电器主要依据被控制电路的电压等级、所需触头的种类、数量等要求来进行选择。

6. 电气符号

中间继电器的电气符号如图 1-2-24 所示。

KA
KA
KA
线圈
常开触头数
常闭触头数

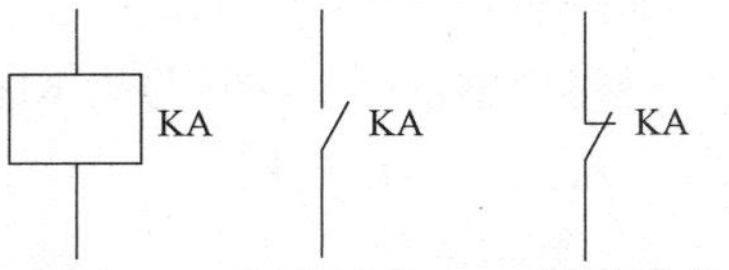

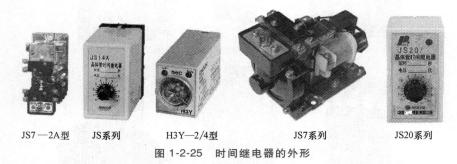

图 1-2-24　中间继电器的电气符号

（六）时间继电器

1. 基本功能

时间继电器是一种利用电磁原理和机械动作原理来实现通电延时闭合或延时断开控制电路的控制电器。当得到或失去输入信号（线圈通电或线圈断电）时，输出部分（触头）需延时到预定时间后才闭合或断开，实现对其所控线路的按时接通或断开。

2. 主要结构和工作原理

时间继电器有电磁式、空气阻尼式、电动式和电子式等几种。在电力拖动控制系统中，应用广泛的是空气阻尼型时间继电器和电子式时间继电器。图 1-2-25 所示为几种常用时间继电器的外形。

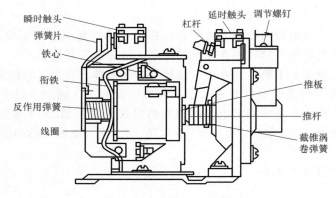

JS7—2A型　JS系列　H3Y—2/4型　JS7系列　JS20系列

图 1-2-25　时间继电器的外形

（1）JS7—A 系列空气阻尼式时间继电器　空气阻尼式时间继电器又称为气囊式时间继电器，它主要由电磁系统、延时机构和触头系统三部分组成。图 1-2-26 所示为时间继电器的结构。

瞬时触头
弹簧片
铁心
衔铁
反作用弹簧
线圈
杠杆
延时触头
调节螺钉
推板
推杆
截锥涡卷弹簧

图 1-2-26　空气阻尼式时间继电器的结构

空气阻尼式时间继电器是利用空气通过小孔节流原理来获得延时动作的。图 1-2-27 所示为 JS7—A 系列空气阻尼式时间继电器的结构原理。时间继电器根据触头延时的特点，可分为通电延时动作型和断电延时动作型两种类型。

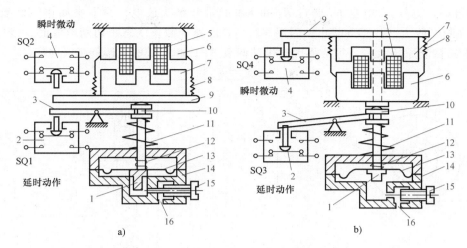

图 1-2-27　JS7—A 时间继电器的结构原理

a）通电延时型　b）断电延时型

1—活塞　2、4—微动开关　3—杠杆　5—线圈　6—铁心　7—衔铁　8—反力弹簧　9—推板　10—活塞杆

11—截锥涡卷弹簧　12—弱弹簧　13—橡胶膜　14—空气室　15—调节螺钉　16—进气孔

通电延时型的工作原理是：当线圈通电（电压规格有 AC380V、AC220V 或 DC220V、DC24V 等）时，衔铁及推板被铁心吸引而瞬时向上移动，使瞬时动作触头接通或断开。但活塞杆和杠杆不能同时跟着衔铁一同向上移动，因为活塞杆的上端连着气室中的橡胶膜，当活塞杆在释放弹簧的作用下开始向上运动时，橡胶膜随之向下凹，上面空气室的空气变得稀薄而使活塞杆受到阻尼作用而缓慢下降。经过一定时间，随着空气的进入，活塞杆上移到一定位置，便通过杠杆推动延时触头动作，使动断触头断开，动合触头闭合。从线圈通电到延时触头完成动作，这段时间就是时间继电器的延时时间。延时时间的长短可以用螺钉调节空气室进气孔的大小来改变。吸引线圈断电后，继电器依靠恢复弹簧的作用而复原，空气经出气孔被迅速排出。

空气阻尼型时间继电器的延时范围大（有 0.4~60s 和 0.4~180s 两种），它结构简单、价格低、使用寿命长，但准确度较低，只适应于控制精度要求不高的一般场所。

（2）JS20 系列电子式时间继电器　电子式时间继电器也称为半导体时间继电器或晶体管式时间继电器，按结构可分为阻容式和数字式两种，按延时方式可分为通电延时型、断电延时型及带瞬动触点的通电延时型三类。图 1-2-28 所示为 JS20 系列晶体管式时间继电器的外形。由于它体积小、重量轻、精度高、寿命长、延时范围宽等优点，所以应用越来越广泛。

图 1-2-29 所示为 JS20 系列通电延时型晶体管式时间继电器的电路。它由电源、电容充放电电路、电压鉴别电路、输出电路和指示电路五部分组成。电源接通后，经整流滤波和稳压后的直流电，经过 RP1 和 R_2 向电容 C_2 充电。当场效应晶体管

图 1-2-28　JS20 系列晶体管式时间继电器的外形

V6 的栅源电压 U_{gs} 高于夹断电压 U_p 时，V6 导通，因而 V7、V8 也导通，继电器 KA 吸合，输出延时信号。同时，电容 C_2 通过 R_8 和 KA 的常开触头放电，为下次动作做好准备。当 U_{gs} 低于夹断电压 U_p 时，V6 截止，因而 V7、V8 也处于截止状态。切断电源时，继电器 KA 释放，电路恢复原始状态，等待下次动作。调节 RP1 和 RP2 即可调整延时时间。

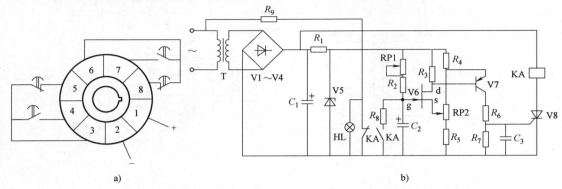

图 1-2-29　JS20 系列通电延时型晶体管式时间继电器的电路

a）接线图　b）电路图

3. 规格型号

JS7-A 系列时间继电器的型号含义如下：

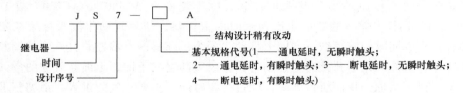

继电器
时间
设计序号
结构设计稍有改动
基本规格代号(1——通电延时，无瞬时触头；
2——通电延时，有瞬时触头；3——断电延时，无瞬时触头；
4——断电延时，有瞬时触头)

4. 选用方法

1）根据系统的延时范围和精度选择时间继电器的类型和系列。

2）根据控制线路的要求选择时间继电器的延时方式。

3）根据控制线路电压选择时间继电器吸引线圈的电压。

5. 电气符号

时间继电器的电气符号如图 1-2-30 所示。

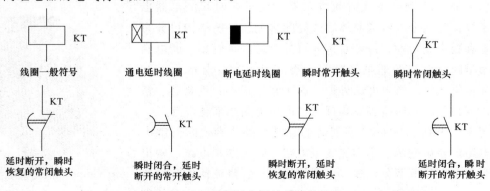

线圈一般符号　　通电延时线圈　　断电延时线圈　　瞬时常开触头　　瞬时常闭触头

延时断开，瞬时　　瞬时闭合，延时　　瞬时断开，延时　　延时闭合，瞬时
恢复的常闭触头　　断开的常开触头　　恢复的常闭触头　　断开的常开触头

图 1-2-30　时间继电器的电气符号

（七）按钮

1. 基本功能

按钮是一种手动操作并具有弹簧储能复位的控制开关。它不直接控制主电路，而是用在控制电路中，利用其触头的接通或断开来实现控制电路的通断。它结构简单，触头允许通过的电流较小，一般不超过5A，因此它是广泛应用在电气自动控制电路中的一种主令电器，主要用于手动发出控制信号以控制接触器、继电器、电磁起动器等电器。

2. 主要结构

按钮的结构种类很多，图1-2-31所示为几种按钮的外形，其可分为普通揿钮式、蘑菇头式、自锁式、自复位式、旋柄式、带指示灯式、带灯符号式及钥匙式等，有单钮、双钮、三钮及不同组合形式，一般采用积木式结构。

COB系列　LA19系列　LA2系列　LA10系列　LA4系列

图1-2-31　几种按钮的外形

按钮按不受外力作用（静态）时触头的状态可分为常开按钮（起动按钮）、常闭按钮（停止按钮）和复合按钮三种。图1-2-32所示为按钮的结构原理。

按钮一般由按钮帽、复位弹簧、支柱连杆、静触头、桥式触头和外壳组成。

3. 工作原理

操作时，将按钮帽往下按，桥式动触头就向下运动，先与动断静触头分断，再与动合静触头接通；一旦操作人员的手指离开按钮帽，在复位弹簧的作用下，动触头向上运动，恢复初始位置。在复位的过程中，动合触头先分断，动断触头后闭合。

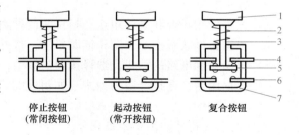

停止按钮（常闭按钮）　起动按钮（常开按钮）　复合按钮

图1-2-32　按钮的结构原理

1—按钮帽　2—复位弹簧　3—支柱连杆　4—常闭静触头
5—桥式动触头　6—常开静触头　7—外壳

4. 规格型号

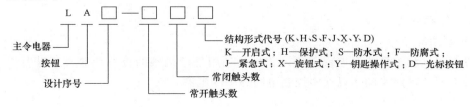

LA□—□□□

主令电器
按钮
设计序号
常开触头数
常闭触头数
结构形式代号（K、H、S、F、J、X、Y、D）
K—开启式；H—保护式；S—防水式；F—防腐式；
J—紧急式；X—旋钮式；Y—钥匙操作式；D—光标按钮

5. 颜色规定

为便于操作人员识别，避免发生误操作，生产中用不同的颜色和符号标志来区分按钮的功能及作用。

（1）按钮颜色的使用　按钮一般有红、黄、绿、蓝、黑、白和灰色七种颜色。颜色应用见表1-2-1。

表1-2-1　按钮颜色选用统计

颜色	含义	说明	举例
红	紧急情况、"停止"或"断电"	在危险状态或在紧急状况时操作	紧急停机
黄	异常	在出现不正常状态时操作	干预、制止异常情况,避免不必要的变化(事故)
绿	安全	在安全条件下操作或正常状态下准备	接通一个开关装置;起动一台或多台设备
蓝	强制性的	在需要进行强制性干预的状态下操作	复位动作
黑	未赋予特定含义	除紧急以外的一般功能	起动/接通;停止/分断
白			起动/接通;停止/分断
灰			起动/接通;停止/分断

（2）指示灯颜色的使用　指示灯也称为信号灯，用于显示设备或线路的工作状态。其主要以光亮方式引起操作者注意，或者指示操作者进行某种操作，并作为某一种状态或指令正在执行或已被执行的指示。指示灯一般有红、绿、黄、白、蓝五种颜色。一般情况下，常将红色信号灯作为电源指示，绿色信号灯作为合闸指示。

6. 选用方法

1）根据使用场合和具体用途选择按钮的种类，如开启式、防水式、防腐式等。

2）根据工作状态指示和工作情况要求，选择按钮的颜色。

3）根据控制电路的需要，选择按钮的数量。

4）根据用途，选择合适的型式，如钥匙式、紧急式、带灯式等。

7. 电气符号

按钮的电气符号如图1-2-33所示。

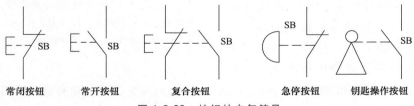

常闭按钮　　常开按钮　　　复合按钮　　　　急停按钮　　钥匙操作按钮

图1-2-33　按钮的电气符号

（八）行程开关

1. 基本功能

行程开关又称为位置开关或限位开关，是利用生产机械的位移或碰撞（碰压）来发出控制信号，促使其触头动作以通断控制电路的主令电器。

行程开关的作用原理与按钮相同，区别在于行程开关不是靠手指的按压，而是利用生产机械的运动促使其触头动作来通断控制电路，实现电动机自动停车、反转、变速或循环等状态，或者用于控制机械设备的行程限位保护。

2. 主要结构

图 1-2-34 所示为行程开关的外形。

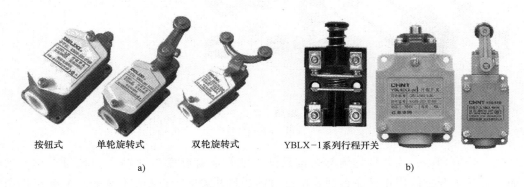

按钮式　单轮旋转式　双轮旋转式　　　YBLX-1系列行程开关

a)　　　　　　　　　　　　　　　　　　　b)

图 1-2-34　行程开关的外形
a）JLXK1 系列行程开关　b）YBLX 系列行程开关

　　行程开关常用的有两种类型：直动式（按钮式）和旋转式（滚轮式）。行程开关一般由操作机构、触头系统和外壳组成。图 1-2-35 所示为 JLXK1 型行程开关的结构。

3. 工作原理

　　JLXK1 型行程开关的动作原理是：当运动部件的挡铁碰压行程开关时，杠杆连同转轴一起转动，使凸轮推动撞块。当撞块被压到一定位置时，推动微动开关快速动作，使其常闭触头先断开，常开触头后闭合。当运动部件的挡铁离开行程开关后，行程开关的触头将复位。

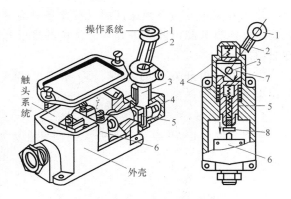

图 1-2-35　JLXK1 型行程开关的结构
1—滚轮　2—杠杆　3—转轴　4—复位弹簧　5—撞块
6—微动开关　7—凸轮　8—调节螺钉

　　行程开关按用途可分为一般用途行程开关和起重设备用行程开关。一般用途行程开关，如 JW2、JW2A、LX19、LX31、LXW5、3SE3 等系列，主要用于机床及其他生产机械、自动生产线的限位和程序控制；起重设备用行程开关，如 LX22、LX33 系列，主要用于限制起重设备及各种冶金辅助机械的行程。

　　行程开关广泛用于各类机床和起重机械，用以控制其行程、进行终端限位保护。在电梯的控制电路中，还利用行程开关来控制开关轿门的速度、自动开关门的限位，轿厢上、下位置的限位保护等。

　　行程开关是一种有触头开关，在操作频繁时，易产生故障，工作可靠性较低；接近开关是一种特殊的无触头行程开关，它动作可靠，性能稳定，频率响应快，使用寿命长，抗干扰能力强，具有防水、防振、耐腐蚀等优点，应用越来越广。图 1-2-36 所示为接近开关的外形和电气符号。

图 1-2-36　接近开关
a）外形　b）电气符号

它的工作原理是：当某种物体与之接近到一定距离时就发出"动作"信号，它不须施以机械力。接近开关的用途已经远远超出一般的行程开关的行程和限位保护，它还可以用于高速计数、测速、液面控制、检测金属体的存在、检测零件尺寸等实现无触头控制，还可作为计算机或可编程序控制器的传感器使用。

接近开关可分为高频振荡型（检测各种金属）、永磁型及磁敏元件型、电磁感应型、电容型、光电型和超声波型等几种。常用的接近开关是高频振荡型，由振荡、检测、晶闸管等部分组成。

常用的接近开关有 LJ 系列、SQ 系列、CWY 系列和 3SG 系列。3SG 系列为德国西门子公司生产的新型产品。

4. 规格型号

型号含义　LX19 系列行程开关的型号含义如下：

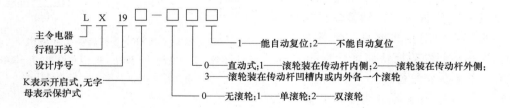

5. 选用方法

行程开关可按下列要求进行选用。

1）根据应用场所及控制对象选择，有一般用途和起重设备用行程开关。

2）根据安装环境选择防护型式，如开启式或保护式。

3）根据控制电路的电压和电流选择系列。

4）根据机械与行程开关的传力与位移关系选择合适的头部型式。

6. 电气符号

行程开关的电气符号如图 1-2-37 所示。

（九）凸轮控制器

1. 基本功能

利用凸轮转轴的转动，带动动触头依次与相应的静触头进行接通或分断，从而实现对电器的控制。主要用于起重设备中控制小型绕线转子异步电动机的起动、停止、调速、换向和制动，也适用于其他类似场合，如卷扬机等。

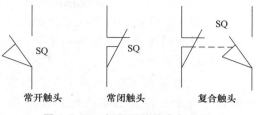

图 1-2-37 行程开关的电气符号

2. 主要结构

图 1-2-38 所示为凸轮控制器的外形。常用的有 KTJ5、KT10、KT14、KT15 等几种系列。

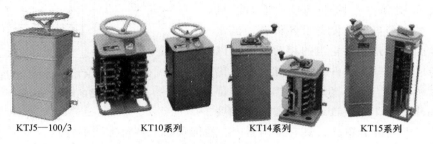

图 1-2-38 凸轮控制器的外形

图 1-2-39 所示为 KTJ1 型凸轮控制器的结构。它主要由静触头、动触头、杠杆、凸轮、转轴、手轮和外壳等部分组成。其触头系统共有 12 对触头即 9 对常开触头和 3 对常闭触头。

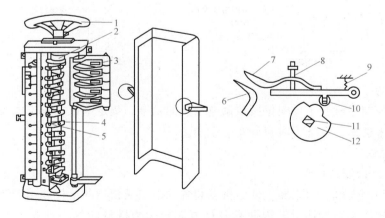

图 1-2-39 KTJ1 型凸轮控制器的结构

1—手轮 2、11—转轴 3—灭弧罩 4、7—动触头 5、6—静触头

8—触头弹簧 9—弹簧 10—滚轮 12—凸轮

手轮在转动过程中共有 11 个档位，中间为零位，向左、向右都可以转动 5 档。

它的工作原理是：凸轮控制器的转轴上套着很多（一般为 12 片）凸轮片，当手轮经转轴带动转位时，使触头断开或闭合。例如：当凸轮处于一个位置时（滚子在凸轮的凹槽中），触头是闭合的；当凸轮转位而使滚子处于凸缘时，触头就断开。由于这些凸轮片的形状不相同，因此触头闭合规律也不相同，从而实现了不同的控制要求。

图 1-2-40 所示为 KTJ1—50/1 型凸轮控制器的触头分合表。左侧表示凸轮控制器的 12 对触头；表中的上部表示手轮的 11 个位置，中间为零位，正反转动方向各 5 个位置。各触头在手轮处于某一位置时的接通状态用符号"×"标记，无此符号表示触头是分断的。

其应用范围是：应用于钢铁、冶金、机械、轻工、矿山等自动化设备及各种自动流水线上。调整凸轮张角及凸轮组的相对角度可以改变其感应时间。基本元件由凸轮脉冲盘、刻度盘、角度调节盘、电子接近开关构成，各部件之间用垫片隔开，并通过刻度盘键槽与刻度

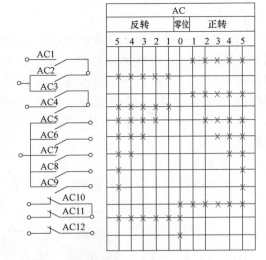

图 1-2-40　KTJ1—50/1 型凸轮控制器的触头分合表

盘凸键相连，并用外壳罩住，具有结构紧凑、性能可靠、调整方便等特点。开关与凸轮片不接触，无火花、无压力，迅速地发出指令，动作灵敏可靠。

3. 规格型号

凸轮控制器的规格型号如下：

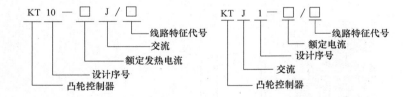

4. 选用方法

选择凸轮控制器时，主要根据所控制电动机的功率、额定电压、额定电流、工作制和控制位置数目等来选择。在选用时应留有一定余量。

（十）电磁铁

1. 电磁铁的功能和特点

电磁铁是利用电磁吸力来操纵牵引机械装置，以完成预期的动作或用于钢铁零件的吸持固定、铁磁物体的起重搬运等，因此它是将电能转化为机械能的一种低压电器装置，特点如下。

1）电磁铁磁性的有无，可用通断电来控制。

2）电磁铁磁性强弱，可用改变电流大小来控制。

3）电磁铁的极性变换，可用改变电流方向的方法来实现。电磁铁通电时有磁性，断电时磁性消失；通过电磁铁的电流越大，电磁铁的磁性越强；当电流值一定时，电磁铁线圈的匝数越多，磁性越强。

2. 电磁铁的分类

1) 按电流划分，电磁铁可分为交流电磁铁、直流电磁铁。

2) 按用途来划分，电磁铁主要可分成以下五种。

① 牵引电磁铁，主要用来牵引机械装置、开启或关闭各种阀门，以执行自动控制任务。

② 起重电磁铁，用作起重装置来吊运钢锭、钢材、铁砂等铁磁性材料。

③ 制动电磁铁，主要用于对电动机进行制动，以达到准确停车的目的。

④ 自动电器的电磁系统，如电磁继电器和接触器的电磁系统、断路器的电磁脱扣器及操作电磁铁等。

⑤ 其他用途的电磁铁，如磨床的电磁吸盘以及电磁振动器等。

3. 制动电磁铁的结构

在电气控制系统中使用的电磁铁主要是制动电磁铁，它与闸瓦制动器配合共同组成电磁制动器。电磁制动器是电力拖动系统中机械制动常用的一种制动方式。制动电磁铁由线圈、铁心及衔铁三部分组成，铁心和衔铁一般用软磁材料制成。铁心一般是静止的，线圈装在铁心上，在电磁铁的衔铁上还装有弹簧。图1-2-41所示为电磁制动器的结构。

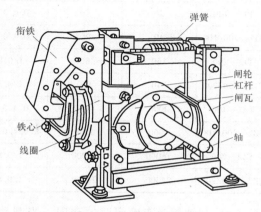

图 1-2-41　电磁制动器

4. 电磁制动器的工作原理

电磁制动器分为两种，即断电制动型和通电制动型。

通电制动型的基本工作原理是：当线圈通电后，铁心和衔铁被磁化，在它们之间产生电磁吸力。当电磁吸力大于弹簧的反作用力时，衔铁开始向着铁心方向运动，使闸瓦紧紧抱住闸轮制动。当线圈中的电流小于某一数值或中断供电时，电磁吸力小于弹簧的反作用力，衔铁将在反作用力的作用下释放动作并返回原来的位置而松闸。

断电制动型的基本工作原理是：当线圈通电后，铁心和衔铁被磁化，在它们之间产生电磁吸力。当吸力大于弹簧的反作用力时，使闸瓦与闸轮分开产生松闸，无制动作用。当线圈中断供电时，电磁吸力消失，衔铁将在弹簧的反作用力下释放动作而返回原来的位置，使闸瓦与闸轮紧紧抱住实现抱闸制动。

电磁制动的优点是：电磁制动的制动力强，安全可靠，不会因突然断电而发生事故。其缺点是：电磁制动器体积较大，制动器磨损严重，快速制动时会产生振动。

5. 制动电磁铁的规格型号

电磁铁的规格型号如下：

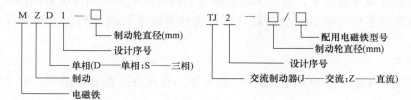

6. 制动电磁铁的选用方法

（1）制动器已确定时制动电磁铁的选用　TJ2、TZ2 系列制动器是一种由交流电磁铁或直流电磁铁操作的常闭式电磁制动器，广泛应用在起重运输机械中。当制动器的型号已确定，配用 MZD1、MZZ1 型制动电磁铁时可按表 1-2-2 选用。

表 1-2-2　制动器与制动电磁铁的配用

制动器型号	制动力矩/（N·m）		闸瓦退距/mm	调整杆行程/mm	电磁铁型号	电磁铁转矩/（N·m）	
	通电持续率为25%或40%	通电持续率为100%	正常/最大	开始/最大		通电持续率为25%或40%	通电持续率为100%
TJ2—100	20	10	0.4/0.6	2/3	MZD1—100	5.5	3
TJ2—200/100	40	20	0.4/0.6	2/3	MZD1—200	5.5	3
TJ2—200	160	80	1/0.8	2.5/3.8	MZD1—200	40	20
TJ2—300/200	240	120	1/0.8	2.5/3.8	MZD1—200	40	20
TZ2—100	2000	1700	0.4/0.6	2/3	MZZ1—100	250	200
TZ2—200/100	4000	3200	0.4/0.6	2/3	MZZ1—100	250	200
TZ2—200	16000	13000	1/0.8	2.5/3.6	MZZ1—200	1000	800
TZ2—300/200	24000	20000	1/0.8	2.5/3.6	MZZ1—200	1000	800

（2）制动器尚未确定时的选用　当制动器尚未确定时，则先根据机械负载的要求进行计算，然后再选择。

7. 制动电磁铁的电气符号

制动电磁铁的电气符号如图 1-2-42 所示。

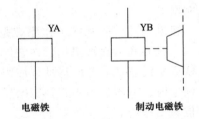

图 1-2-42　制动电磁铁的电气符号

三、技能训练

（一）电器识别

1）根据指导教师给出的元器件清单，对照电气实物，仔细观察与辨认，熟悉各种常用低压电器的外形和结构、动作原理、功能作用、图形符号和文字符号表示方法。

2）通过识别学习与训练，根据实物写出它们的系列名称、型号、文字符号，画出图形符号和说出其作用。

（二）拆装训练

通过拆装实习，进一步加深对电器结构和动作原理的理解，为合理、正确地选择使用电器打下基础。在拆装与校验中，重点关注接触器、热继电器和时间继电器的拆装或校验。

注意：拆装并不是将电器完全拆散，而是达到观察电器的结构、了解电器动作原理的目的。

1. 拆装工具

螺钉旋具（一字形和十字形）、镊子、尖嘴钳、万用表、绝缘电阻表、电工刀等电工常用工具。

2. 拆装电器的准备

CJ10—20 型接触器、JR36—20 型热继电器、JS7—2A 型时间继电器。

3. 拆装注意事项

拆装重在增加感性认识，要在教师的指导下进行，要预防因拆装不当导致的元件损坏。

➤【课题小结】

本课题的内容结构如下：

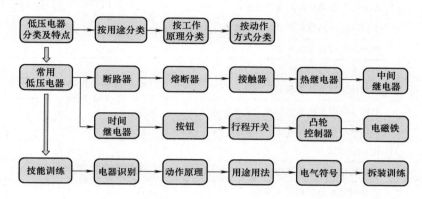

说明：

（1）本课题是学习电气控制的基础，对学习后续课题意义重大。

（2）教学过程中应结合实物、结合实际进行讲授，注意培养学习兴趣。

（3）彩色框内为本课题的难点内容，应进行重点讲解和指导。

➤【效果测评】

根据本课题学习内容，按照表 1-2-3 所列内容，对学习效果进行测评，检验教学达标情况。

表 1-2-3 考核评分记录表

考核目标	考核内容	考核要求	评分标准	配分	自评	互评	师评
知识目标（50分）	低压断路器	低压断路器的功能	根据掌握情况给分，不完整可酌情扣分	1			
		低压断路器的结构和动作原理		1			
		低压断路器的图形符号和文字符号		1			
		低压断路器的选用方法		2			
	熔断器	低压熔断器的功能	根据掌握情况给分，不完整可酌情扣分	1			
		低压熔断器的结构和动作原理		1			
		常用低压熔断器的种类、符号及型号含义		2			
		低压熔断器的选用方法		2			
	接触器	接触器的功能	根据掌握情况给分，不完整可酌情扣分	1			
		接触器的结构、动作原理、灭弧方式		2			
		接触器的图形符号和文字符号		1			
		接触器的选用方法		2			

（续）

考核目标	考核内容	考核要求	评分标准	配分	自评	互评	师评
知识目标（50分）	热继电器	热继电器的功能	根据掌握情况给分，不完整可酌情扣分	1			
		热继电器的结构和动作原理		1			
		热继电器的图形符号和文字符号		1			
		热继电器的选用方法		2			
	中间继电器	中间继电器的功能	根据掌握情况给分，不完整可酌情扣分	1			
		中间继电器的结构和动作原理		1			
		中间继电器的图形符号和文字符号		1			
		中间继电器的选用方法		1			
	时间继电器	时间继电器的功能	根据掌握情况给分，不完整可酌情扣分	1			
		时间继电器的结构和动作原理		1			
		时间继电器的图形符号和文字符号		2			
		时间继电器的选用方法		2			
	按钮	按钮的功能	根据掌握情况给分，不完整可酌情扣分	1			
		按钮的结构和动作原理		1			
		按钮的图形符号和文字符号		1			
		按钮的选用方法		1			
	行程开关	行程开关的功能	根据掌握情况给分，不完整可酌情扣分	1			
		行程开关的结构和动作原理		1			
		行程开关的图形符号和文字符号		1			
		行程开关的选用方法		1			
	凸轮控制器	凸轮控制器的功能	根据掌握情况给分，不完整可酌情扣分	1			
		凸轮控制器的结构和动作原理		2			
		凸轮控制器的图形符号和文字符号		1			
		凸轮控制器的选用方法		1			
	电磁铁	电磁铁的功能	根据掌握情况给分，不完整可酌情扣分	1			
		电磁铁的结构和动作原理		2			
		电磁铁的图形符号和文字符号		1			
		电磁铁的选用方法		1			
能力目标（50分）	低压电器的识别	能正确识别各类低压开关	能够准确识别区分各种低压电器，并相应完成图形符号和文字符号的填空	1			
		能正确识别各种低压熔断器		1			
		能正确识别交直流接触器		1			
		能正确识别热继电器		1			
		能正确识别中间继电器		1			
		能正确识别各种时间继电器		1			
		能正确识别各种按钮		1			
		能正确识别各种行程开关		1			
		能正确识别凸轮控制器		1			
		电磁铁（以电磁抱闸制动器为主）		1			

（续）

考核目标	考核内容	考核要求	评分标准	配分	自评	互评	师评
能力目标（50分）	低压电器的拆装	接触器的拆卸与装配	能够顺利完成常见低压电器的拆卸和装配。拆卸与装配各占一半分值	10			
		接触器的检修与校验		5			
		热继电器的拆卸与装配		10			
		时间继电器的拆卸与装配		11			
		时间继电器的检修与校验		4			
总　　分				100			

课题三　电气图与电路接线

电气控制线路是用导线将电动机、电器、仪表等按照一定的方法和要求连接起来，并能实现某种控制功能的电路。电气图是用来直观地反映电路连接关系的工程图，是电路接线情况的图形文件。常用的电气图有电气原理图、电器位置图（电气安装图）和电气安装接线图，此外还有电气系统图、框图、功能图等。电气图是电气工程技术人员进行沟通和交流的工具，是电气工程设计、施工、检修维护的指导性文件。本课题是学习和掌握电气控制的基础。

➤【教学目标】

知识目标：
（1）能熟练识记常用电器元件的图形符号和文字符号。
（2）掌握电路图的分类、绘制特点和用途。
（3）掌握电气原理图的组成、绘制方法、识读方法、原理分析方法。
（4）掌握电器元件布置图的作用、特点、布置原则。
（5）掌握电气安装接线图的作用、原则和板前布线的工艺要求。

能力目标：
（1）掌握电气原理图的识图步骤和方法。
（2）掌握电气图的绘图步骤和方法。
（3）掌握板前安装接线的方法和技巧。

➤【教学任务】

常见电器元件的图形符号和文字符号、电气原理图、电器元件布置图、安装接线图、技能训练。

➤【教·学·做】

能够准确识读电路图是对电气工程技术人员的基本要求；能够熟练掌握电气图的绘制方法是电气工程技术人员的一项重要技能；能够按照图样进行安装接线是电气工程技术人员的必备能力。

电气控制系统图是电气技术的工程语言。电气控制系统图一般包括电气原理图、电器元件布置图和电气安装接线图。它们的功能不同，用途不同，绘制原则也不同。

一、电气原理图

电气原理图是用国家统一规定的图形符号和文字符号代表各种电器元件、线条代表导线，然后根据各种电器之间的连接顺序（关系），按照一定的原则绘制而成的图形。

电气原理图能直观表达电气设备和电器的连接关系及线路的工作原理，是电气线路安装、调试和维修的基本依据。电气原理图遵循结构简单、层次分明、逻辑清晰的基本原则，应用电气符号依照电器元件展开形式来进行绘制，它只反映各种电器元件之间的连接顺序和连接关系（串联或并联），并不按照电器元件的实际布置位置和真实大小来绘制。

（一）电气符号

电气符号包括图形符号和文字符号（或项目代号），是电气图的主要组成部分。我国的电气符号执行标准是国家标准《电气简图用图形符号》（GB/T 4728.1～5—2005 和 GB/T 4728.6～13—2008）和《电气技术文件的编制》（GB/T 6988.1—2008）等的基本标准。常用电器的图形符号和文字符号见表 1-3-1。

表 1-3-1　常用电器图形符号和文字符号

名称		图形符号	文字符号	名称		图形符号	文字符号
一般三级电源开关			QS	按钮	复合按钮		SB
低压断路器			QF	接触器	线圈		KM
位置（行程）开关	常开触头		SQ		主触头		
	常闭触头				常开辅助触头		
	复合触头				常闭辅助触头		
熔断器			FU	速度继电器	常开触头		KS
按钮	常开按钮		SB		常闭触头		
	常闭按钮						

（续）

名称		图形符号	文字符号
时间继电器	线圈	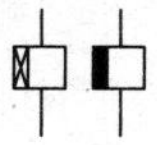	KT
时间继电器	常开延时闭合触头	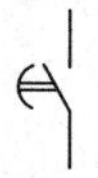	KT
时间继电器	常闭延时断开触头	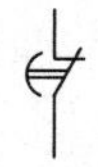	KT
时间继电器	常闭延时闭合触头	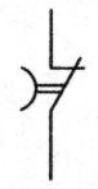	KT
时间继电器	常开延时断开触头	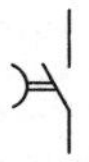	KT
热继电器	热元件	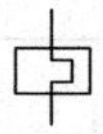	KH
热继电器	常闭触头	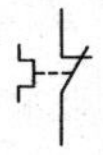	KH
继电器	中间继电器	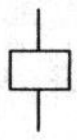	KA
继电器	欠电压继电器	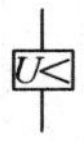	KV
继电器	过电流继电器	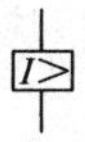	KA
继电器	常开触头	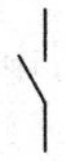	相应继电器符号
继电器	常闭触头	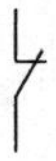	相应继电器符号
继电器	欠电流继电器	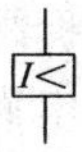	KA

名称	图形符号	文字符号
万能转换开关	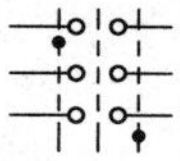	SA
制动电磁铁	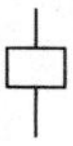	YB
电磁离合器	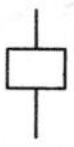	YC
电位器	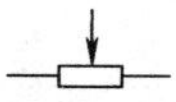	RP
整流器	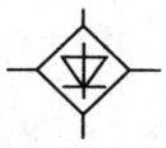	VC
照明灯	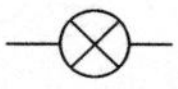	EL
信号灯	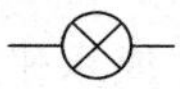	HL
电阻器	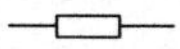	R
接插器	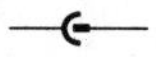	X
串励直流电动机	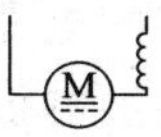	M
并励直流电动机	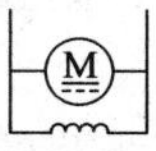	M
他励直流电动机	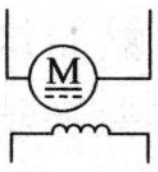	M
复励直流电动机	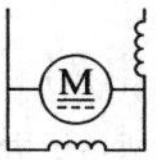	M
交流发电机	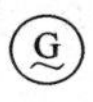	G
三相笼型异步电动机	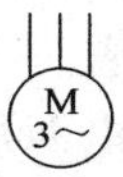	M

（二）电气原理图的组成

电气原理图一般分为电源电路、主电路和辅助电路（控制电路）三部分，如图 1-3-1 所示。

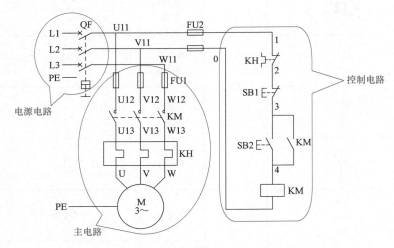

图 1-3-1　具有过载和短路保护的自锁正转控制线路

1. 电源电路

电源电路一般画成水平线。三相交流电源按相序 L1、L2、L3 自上而下排列，在相线之下依次画出中性线 N（零线）或保护地线 PE。直流电源则电源正极"＋"端在上，负极"－"端在下。电源开关要水平画出。

2. 主电路

主电路也称为动力电路，是电气线路中连接用电设备、通过大电流的电路，包括从电源到用电设备之间相连的电器元件，一般由刀开关（或断路器）、主熔断器、接触器主触头、热继电器的热元件和用电设备（如电动机）等组成。主电路是向负载供电的系统，通常位于电气原理图的左侧，垂直于电源电路，用粗实线进行绘制。

3. 控制电路

控制电路是电气线路的重要组成部分，用来对主电路实施控制，是除去主电路以外的电路，一般由按钮、接触器线圈及辅助触头、继电器线圈及辅助触头、热继电器辅助触头以及其他保护电器辅助触头等组成，其流过的电流比较小（在 5A 以下）。

4. 辅助电路

辅助电路是除主电路、控制电路之外的其他电路，一般包括照明电路、信号电路和保护电路等。辅助电路对主电路和控制电路的工作状态提供指示。

（三）电气原理图的绘制方法

1. 电路布局

主电路安排在图面左侧或上方，辅助电路安排在图面右侧或下方。无论是主电路还是辅助电路，均按功能布置，一般按照从左至右、从上至下的原则排列来表示操作顺序。

辅助电路在两相电源之间跨接画出，一般按照控制电路、指示电路、照明电路的顺序，用细实线垂直于电源电路依次在主电路的右侧画出，并且耗能元件（各种电器的线圈、指示灯、照明灯等）要画在电路原理图的最下方，且与下边的电源线相连，而电器的辅助触头要画在耗能元件与上边电源线之间。

2. 线路连接

在电气原理图中，导线、电缆线、设备的引线、信号通路等均属于连接线，绘制电气原理图时一般采用实线；而无线电信号的通路则采用虚线绘制。在绘制电气原理图中，应尽量减少不必要的连接线，且应尽量避免线条的交叉和弯折。对有直接电连接的交叉导线的连接点，应画小黑圆点加以标

交叉连接　　　　交叉不连接

图 1-3-2　连接线的交叉连接与交叉跨越

识，而无直接电连接的交叉跨越导线的连接点，则不用画小黑圆点，如图 1-3-2 所示。

3. 电器元件排列

在电气原理图中，电器元件不画实物的实际外形图，而是采用国家统一规定的图形符号和文字符号来表示。电器元件的排列，应根据便于阅读的原则进行排列。国家标准对图形符号的绘制尺寸没有做统一的规定，可以根据实际情况以便于识图和理解的尺寸进行绘制。图形符号的布置一般为垂直或水平位置。

4. 电器状态表示

所有电器的可动部分均按没有通电或没有受外力作用时的常态画出。其中继电器、接触器的触头，按其线圈不通电时的状态画出；控制器则按手柄处于零位时的状态画出；按钮、行程开关等开关的触头按未受外力作用时的状态画出。

5. 符号标注

在电气原理图中，同一电器元件的不同部件（如线圈、触头），不按它们的实际位置画在一起，而是按它们在线路中所起的作用分散画在不同位置。为了表示是同一元件，要在电器元件的不同部件处标注统一的文字符号，但它们的动作是相互关联、同时动作的。

若同一电路原理图中有许多同类器件，则要在其文字符号后（或在文字符号前）加数字序号来区别，如两个接触器，可用文字符号 KM1、KM2 加以区别。

6. 电路编号法

为便于电气线路的安装、调试和维修需要，应对电气原理图中线路连接点用字母和数字进行编号，字母在前，数字在后。从电源引入用 L1、L2、L3 表示；开关之后用 U、V、W 表示；电动机各分支电路用文字符号加阿拉伯数字；控制电路用阿拉伯数字编号。

（1）主电路编号　主电路在电源开关的出线端按相序依次编号为 U11、V11、W11；然后按从左至右、从上至下的顺序，每经过一个电器元件符号后，编号依次递增，如 U12、V12、W12，U13、V13、W13 等。

对于单台电动机（或设备）的三根引出线，按相序依次编号为 U、V、W。对于多台电动机的三根引出线编号，可在字母前用数字加以区分，如 1U、1V、1W，2U、2V、2W，3U、3V、3W 等。

（2）控制电路编号　控制电路的编号是按等电位原则，从左至右、从上至下的顺序，用数字编号。每经过一个电器元件符号后，编号依次递增。控制电路的编号起始数字是从 1 至 100。照明电路的编号起始数字是从 101 至 200；指示电路的编号起始数字是从 201 至 300；其他辅助电路的编号起始数字较前一个辅助控制电路的编号递增 100。

7. 图幅分区规则

对系统控制复杂、幅面较大的电气原理图，采用分区标注的方法对电气原理图进行标注。

（1）垂直布置的电气原理图　对于垂直布置的电气原理图，上方一般按各主电路的功能及对应的控制电路从左至右进行分区，并在各分区矩形框内加注文字说明，用以表明它所对应的下方电器元件或电路的功能，使读者能一目了然地知道某个电器元件或某部分电路的功能，以利于理解相关电路的工作原理。

在电气原理图的下方，一般按照"支路居中"原则，逐一进行分区。通常是一条电路或一条支路划分为一个图区，并用阿拉伯数字 1、2、3、4 等按照从左至右的顺序对分区依次进行标注。所谓"支路居中"原则，是指各支路垂线应对准数字分区框的中线位置。图区编号也可设置在图的上方。

（2）水平布置的电气原理图　对于水平布置的电气原理图，则采用左右分区的方法进行分区和标注。左方自上而下进行分区并用文字进行说明，右方自上而下进行分区并用数字进行标注。

8. 触头索引代号

在电气控制线路中，一些电器元件如交流接触器和继电器，因线圈、主触头、辅助触头所起作用各不相同，常常位于不同区位或支路中。为了识读和检索方便，还需要在这些元件的线圈图形符号下方标注电器的触头索引代号，如图 1-3-3 所示。

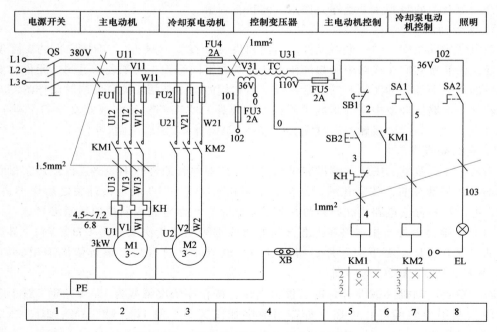

图 1-3-3　CA6140 型卧式车床电气原理图

触头索引代号的标注方法如图 1-3-4 所示。

（1）接触器触头索引代号　接触器触头索引代号分为左中右三栏，左栏数字表示主触头所在的数字分区号，中栏数字表示常开辅助触头所在的数字分区号，右栏则表示常闭辅助触头所在的数字分区号。

（2）继电器触头索引代号　继电器触头索引代号分为左右两栏，左栏表示常开触头所在的数字分区号，右栏表示常闭触头所在的数字分区号。

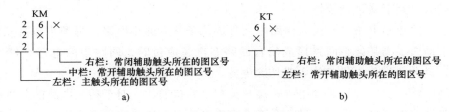

图1-3-4　电磁线圈触头的索引代号

a）接触器触头索引代号　b）继电器触头索引代号

（四）电气原理图的识读

看电气控制电路图一般方法是先看主电路，再看辅助电路，并用辅助电路的回路去研究主电路的控制程序。

1. 主电路的识读

（1）看清主电路中的用电设备　用电设备是指消耗电能的用电器具或电气设备，看图首先要看清楚有几个用电器，它们的类别、用途、接线方式及一些不同要求等。

（2）看清用电设备的控制方式　电气设备的控制方式很多，有的直接用开关控制，有的用各种起动器控制，有的用接触器控制等。

（3）看清主电路中的电源开关和保护电器　一是要看清主电路的电源开关，如转换开关、低压断路器、万能转换开关；二是要看清主电路中的保护器件，如短路保护及过载保护器件，低压断路器中的电磁脱扣器及热过载脱扣器的规格、熔断器、热继电器及过电流继电器等元件的用途及规格。一般来说，对主电路做出如上内容的分析以后，即可分析控制电路和其他辅助电路。

（4）看电源　要了解电源电压等级，是380V还是220V，是从母线汇流排供电还是从配电屏供电，或者是从发电机组接出来的。

2. 控制电路的识读

根据主电路中各电动机和执行电器的控制要求，逐一找出控制电路中的其他控制环节，将控制线路"化整为零"，按不同功能划分成若干个局部控制线路进行分析。如果控制线路较为复杂，则可先排除照明、显示等与控制关系不密切的电路，以便集中精力进行分析。

（1）看电源　首先看清电源的种类，是交流还是直流。其次，要看清辅助电路的电源是从什么地方接来的，及其电压等级。电源一般是从主电路的两条相线上接来的，其电压为380V。也有从主电路的一条相线和零线上接来，电压为单相220V；此外，也可能从专用隔离电源变压器接来，电压有140V、127V、36V、6.3V等。直流电源可从整流器、发电机组或放大器上接来，其电压一般为24V、12V、6V、4.5V、3V等。控制电路中的一切电器元件的线圈额定电压必须与控制电路电源电压一致。否则，电压低时电器元件不动作；电压高时，则会把电器元件线圈烧坏。

（2）看清控制电器的用途　了解控制电路中所采用的各种继电器、接触器的用途，如采用了一些特殊结构的继电器，还应了解它们的动作原理。

（3）根据控制电路来研究主电路的动作情况 分析了上面这些内容再结合主电路中的要求，就可以分析控制电路的动作过程。

控制电路总是按动作顺序画在两条水平电源线或两条垂直电源线之间。因此，也就可以从左到右或从上到下来进行分析。

对于复杂的控制电路，一条大回路中又分成几条独立的小回路，每条小回路控制一个用电器或一个动作。当某条小回路形成闭合回路有电流流过时，回路中的电器元件（接触器或继电器）动作，把用电设备接入或切除电源。

在控制电路中，一般是靠按钮或转换开关把电路接通的。对于控制电路的分析必须随时结合主电路的动作要求来进行，只有全面了解主电路对控制电路的要求以后，才能真正掌握控制电路的动作原理，不可孤立地看待各部分的动作原理，而应注意各个动作之间是否有互相制约的关系，如电动机正、反转之间应设置联锁装置等。

（4）弄清电器元件之间的相互关系 电路中的一切电器元件都不是孤立存在的，而是相互联系、相互制约的。这种互相控制的关系有时表现在一条回路中，有时表现在几条回路中。

（5）弄清其他电气设备和电器元件 此外，还要弄清其他电气设备和电器元件，如整流设备、照明灯等。

3. 分析工作原理

分析工作原理是识读电气原理图的核心内容，也是电气工程技术人员的基本功。图1-3-1所示电路为具有自锁的正转电气控制电路。主电路串接接触器的主触头，辅助触头位于控制电路之中；主电路中还串接了热继电器的热元件，其常闭辅助触头串接在控制电路中。其工作原理分析如下：首先，合上电源开关QF，主电路和控制电路有电，为起动控制做好准备。

（1）起动

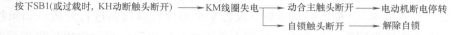

```
按下SB2 ──→ KM线圈有电流通过 ──┬──→ 交流接触器动合主触头闭合 ──→ 电动机正转起动
                              └──→ 交流接触器动自锁触头闭合 ──→ 自锁

松开SB2 ──→ 电动机继续运行
```

（2）停止

```
按下SB1（或过载时，KH动断触头断开）──→ KM线圈失电 ──┬──→ 动合主触头断开 ──→ 电动机断电停转
                                                └──→ 自锁触头断开 ──→ 解除自锁
```

在图中若没有接触器的自锁功能，则控制电路将是一种点动控制线路，即按下按钮电动机就获电运转，松开按钮电动机失电停转的控制方法，称为点动控制。

（3）保护功能 图1-3-1中具有如下保护功能。

1）欠电压保护：当电路电压过低时，接触器自动释放断开，电动机失电停转。

2）失电压保护：当电动机正常运转时，电路突然断电，接触器自动释放而解除自锁，电动机断电停转；当电路恢复通电时，电动机不会自动起动运转。

3）过载保护：当电动机过载时，热继电器热元件发热弯曲，推动辅助触头脱扣，断开控制电路，接触器线圈失电，接触器主触头断开，电动机停止运转。

4）短路保护：当电路发生短路时，熔断器因短路电流大而在较短的时间内熔断，将设备与电源之间断开，从而对设备起到短路保护作用。

二、电器元件布置图

1. 电器元件布置图的作用

电器元件布置图是根据电器元件所在控制板上的实际位置，采用简化的外形图（如正方形、矩形、圆形等）绘制的一种简图。其主要是用于电器元件的布置和安装，是设备制造、安装、维护的必要资料。

2. 电器元件布置图的特点

布置图不表示各电器的结构、作用、工作原理和接线情况；布置图中各电器元件标注的文字符号必须与电气原理图和接线图中标注的文字符号一致。图1-3-5所示为图1-3-1具有短路和过载保护的自锁正转控制线路原理图的布置图。

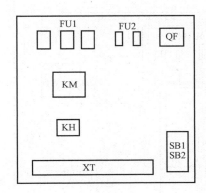 

图 1-3-5   电器元件布置图

3. 电器元件布置原则

（1）上进下出，左进右出   通常，电器元件布置应按照电路走向，遵循上进下出、左进右出的原则进行布置。

（2）避免头重脚轻的原则   相同类型的电器元件布置时，应将体积较大和较重的安装在控制柜或面板的下方。

（3）方便散热的原则   发热的电器元件应安装在控制柜或面板的上方或后方，但热继电器一般安装在接触器的下面，以方便与电动机和接触器相连接。

（4）利于维护的原则   需要经常维护、整定和检修的电器元件、操作开关、监视仪器仪表，其安装位置应高低适宜，以方便工作人员进行操作。

（5）强电弱电分开走线的原则   强电、弱电应分开走线，注意屏蔽层的连接，防止干扰的窜入。

（6）安全合理、留有余地的原则   电器元件的布置应考虑安装间隙，并尽可能做到整齐美观。同时应留有足够的备用面积及线槽位置，以便今后扩容。

（7）图形按比例绘制的原则   电器元件所占面积按实际尺寸，图形尽可能按统一比例绘制。

三、电气安装接线图

(一) 电气安装接线图的作用

电气安装接线图（也称为安装图），是根据电气设备和电器元件的布置位置和实际安装位置，根据原理图中各电器之间的连接关系而绘制的一种接线图形。它是电气装备和电器元件安装、施工安装配线、维护和检修电器故障的依据，但不能直观地表示出电路的工作原理和电器元件间的控制关系。图 1-3-6 所示为图 1-3-1 所示具有短路和过载保护的自锁正转控制线路的安装接线图。注意：在图 1-3-6 中，为方便初学者能看清每一根导线的走向，走向相同的相邻导线未合并绘制成一根线。而在绘制电气安装接线图时，走向相同的相邻导线一般是合并绘制成一根线来表示的。

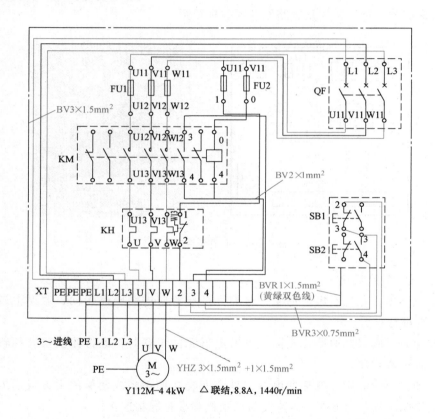

图 1-3-6　具有短路和过载保护的自锁正转控制线路的安装接线图

(二) 电气安装接线图的绘制原则

1. 遵循国家标准

在接线图中一般表示出如下内容：电气设备和电器元件的相对位置、文字符号、端子号、导线号、导线类型、导线截面、屏蔽和导线绞合等。

2. 按实际位置绘制

所有的电气设备和电器元件都按其所在的实际位置绘制在图样上，且同一电器的各元件根据其实际结构，使用与电路原理图中相同的图形符号必须画在一起，并用点画线框上，其文字符号以及接线端子的编号应与电路原理图中的标注一致，以便对照检查接线。

3. 外部设备或电器元件通过端子排连接

不在同一安装板或电器柜上的电器元件或信号的电气连接一般应通过端子排连接，并按照电气原理图中的接线编号连接。

4. 导线规格标注清楚

接线图中的导线有单根导线、导线组（或线扎）、电缆等之分，可用连续线和中断线来表示。凡导线走向相同、功能相同的多根导线可用单线或线束表示，到达接线端子板或电器元件的连接点时再分别画出。画连接线时，应标明导线的规格、型号、颜色、根数和穿线管的尺寸。

（三）板前明线布线工艺要求

1. 平直整齐，接线牢固

手工布线时（非模型、模具配线），应符合平直整齐、连接点不得松动便于检修等要求。

2. 分类集中，紧贴板面

走线通道应尽可能少，同一通道中的沉底导线，按主电路、控制电路分类集中，单层平行密排或成束，应紧贴敷设面。

3. 走线科学，经济合理

导线长度应尽可能短，可水平架空跨越，如两个电器元件线圈之间、连线主触头之间的连线等，在留有一定余量的情况下可不紧贴敷设面。

4. 同一平面，避免交叉

处于同一平面的导线应高低一致或前后一致，不能交叉。布线应横平竖直，变换走向应垂直90°。上下触头若不在同一垂直线下，不应采用斜线连接。

5. 安全可靠，间距一致

导线与接线端子或接线桩连接时，应不压绝缘层、不反圈及露金属不大于1mm，并做到同一电器元件、同一回路的不同连接点的导线间距离保持一致。

6. 并线整齐，数量有限

一个电器元件接线端子上的连接导线不得超过两根，每节接线端子板上的连接导线一般只允许连接一根。

7. 不压绝缘，不损线芯

布线时，严禁损伤线芯和导线绝缘。

8. 下大上小，主线一面

1）导线截面积不同时，应将截面积大的导线放在下层，截面积小的导线放在上层。

2）多根导线布线时（主电路），应做到整体在同一水平面或同一垂直面。

9. 用色科学，不忘编号

1）在有条件的情况下，导线应采用颜色标志，即保护接地导线（PE）必须采用黄绿双色；动力电路的中性线（N）和中间线（M）必须是浅蓝色；交流或直流动力电路采用黑色；交流控制电路采用红色；直流控制电路采用蓝色；用作控制电路联锁的导线，如果是与外边控制电路相连接，而且当电源开关断开仍带电时，应采用橘黄色或黄色；与保护导线连接的电路采用白色。

2）对复杂线路，必须在导线两端套上与原理图中编号相一致的编码套管，以便检查核对接线的正确与否，故障的查找等，但如果线路简单可不套编码套管。

图 1-3-7 所示为板前明线布线图。

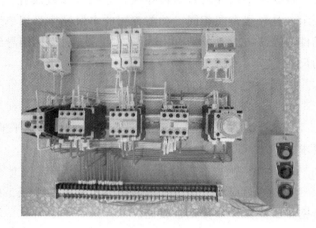

图 1-3-7　板前明线布线图

四、技能训练

（一）识图训练

对图 1-3-1 所示具有短路和过载保护的自锁正转控制线路原理图进行识读训练。

1）识读主电路。

2）识读控制电路。

3）分析工作原理。

（二）绘图训练

根据图 1-3-1 所示具有短路和过载保护的自锁正转控制线路原理图，进行绘图训练。

1）绘制电气原理图，要求布局合理、分区正确、标注完整准确。

2）绘制电器元件布置图，要求布局合理、标注规范，比例合适。

3）绘制电气安装接线图，要求连接准确无误，标注规范清楚。

（三）板前接线训练

根据图 1-3-1 所示电气原理图及对应的电器元件布置图和电气原理图，按照工艺要求实施板前布线训练。

➢【课题小结】

本课题的内容结构如下：

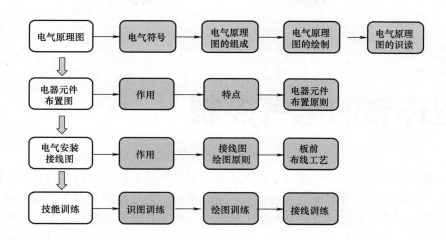

➤【效果测评】

根据学习内容，按照表1-3-2所列内容，对学习效果进行测评，检验教学达标情况。

表1-3-2 考核评分记录表

考核目标	考核内容	考核要求	评分标准	配分	自评	互评	师评
知识目标（55分）	识记常用电气符号	熟练掌握常用电器的图形符号和文字符号	图形符号与文字符号5分	10			
	掌握电气原理图知识	掌握电气原理图的概念、组成、识读方法、绘制方法、分析方法	概念5分；组成2分；识读方法5分；绘图方法8分；分析方法5分	25			
	掌握电器元件布置图知识	掌握电器元件布置图的作用、特点和元件布置原则	作用2分；特点3分；布置原则5分	10			
	掌握电气安装接线图知识	掌握电气安装接线图的作用、绘图原则和板前布线工艺	作用2分；绘图原则3分；板前布线工艺5分	10			
能力目标（45分）	识图能力	按照识读步骤和方法，识读电气原理图	识读主电路2分；识读控制电路3分；分析工作原理5分	10			
	绘图能力	绘制电气原理图；绘制电器元件布置图；绘制电气安装接线图。掌握绘图步骤和要领	绘制电气原理图10分，要求电路正确、分区和标注正确完整；绘制电器元件布置图3分；绘制电气安装接线图7分	20			
	板前布线	完成板前布线，熟悉板前布线工艺要求及其具体应用	接线正确5分；工艺符合要求10分	15			
总分				100			

➤【思考与训练】

1. 列表分析直流电动机与交流电动机的结构、工作原理和机械特性。

2. 列表分析说明常用低压电器的结构、工作原理及电气符号。

3. 简述电气原理图、电器元件布置图及电气安装接线图的区别与联系。

单元二
典型环节的电气控制

在生产实践中，各种生产机械的工作性质和加工工艺的不同，使得它们对电动机的控制要求也不同，所需电器元件的种类、数量也不同，构成的电气控制线路也不同，但万变不离其宗，都是在一些典型控制环节的基础之上的组合、拓展和演变而来的。本单元集中收集了生产、生活中电气控制的八个典型案例，学习和掌握这几个案例的相关知识和技能，对学习其他复杂系统的控制线路可以起到事半功倍的作用。

课题一　三相笼型异步电动机单向起动异地（两地）控制

本课题是电气控制的入门课题，是学习后续课题的重要基础。学好本课题，对于正确理解电气控制的基本概念、基本原理以及控制逻辑具有十分重要的意义。

➤【教学目标】

知识目标：

（1）掌握本课题电气控制线路的构成，熟悉电器元件的功能和作用。

（2）准确理解自锁和多地控制的概念；能够根据本课题电气原理图，分析说明其工作原理。

能力目标：

（1）熟练识读本课题的电气原理图，熟悉控制原理和方法，理解设计思路与步骤。

（2）正确绘制本课题电器元件布置图和电气安装接线图，培养绘图能力。

（3）根据电器元件布置图和电气安装接线图，进行安装接线，掌握电气安装的布局与接线方法。

（4）通过通电调试，掌握本课题电气控制线路通电调试的方法和步骤。

➤【教学任务】

进行课题分析；相关知识讲解；技能训练。

➤【教·学·做】

一、课题分析

图 2-1-1 所示为两地控制的单向起动控制电路。本课题是在具有短路、过载和失电压、欠电压保护的自锁正转控制线路基础上增加了异地（两地）控制。控制线路主要由断路器

QF、熔断器 FU、按钮 SB、接触器 KM、热继电器 KH 和电动机 M 组成。在图 2-1-1 中，对接触器的通电或断电的控制，是由两组常开按钮和常闭按钮完成的。

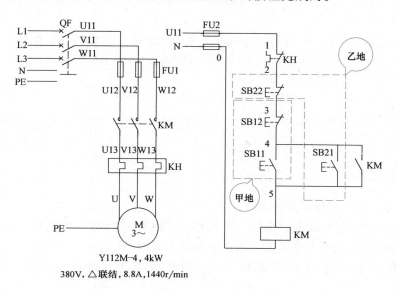

图 2-1-1　两地控制的单向起动控制电路

二、相关知识

1. 自锁

在图 2-1-1 所示电路中，合上 QF，控制电路具备起动条件。当按下起动按钮 SB11 或 SB21 后，接触器线圈 KM 得电，接触器主触头闭合，与起动按钮并联的接触器 KM 的常开辅助触头闭合对起动按钮进行短接，于是，当释放起动按钮后，接触器线圈继续保持得电。这种状态就被称为接触器触头自锁。自锁就是"自我锁定"的意思；自锁也常被称为自保，应理解为"自我保持"的意思。称谓虽然不同，但道理是相同的。

2. 多地控制

多地控制也叫作异地控制，就是在不同地点对同一台设备进行起动和停止控制，比如一台设备的机头、机尾都要能够实现对设备进行起动和停止操作。这是生产实践中常见的控制要求。

实现多地控制最基本的做法是：有几处起动和停止的控制要求，就应有数量相同的起动按钮和停止按钮；所有停止按钮应依次串联后接入控制电路中，所有起动按钮则采用并联方式接入控制电路中。

多地控制原则是：各地起动按钮（常开按钮）并联，各地停止按钮（常闭按钮）串联。

3. 电器元件作用和线路特点

图 2-1-1 中熔断器 FU 起短路保护作用；热继电器 KH 起过载保护作用；接触器带有失电压、欠电压保护功能。

在图 2-1-1 中，SB11 和 SB12 为安装在甲地的起动按钮和停止按钮；SB21 和 SB22 为安装在乙地的起动按钮和停止按钮。其特点是：两地的停止按钮串联，两地的起动按钮并联。

4. 工作原理分析

工作原理如下：先合上电源开关 QF。

（1）起动

按下SB11(或SB21) ⟶ KM线圈有电流通过 ⟶ 交流接触器动合主触头闭合 ⟶ 电动机正转起动

　　　　　　　　　　　　　　　　　　　⟶ 交流接触器动合自锁触头闭合 ⟶ 自锁

松开SB11(或SB21) ⟶ 电动机继续运行

（2）停止

按下SB12(或SB22)(或过载时，KH动断触头断开) ⟶ KM线圈失电 ⟶ 动合主触头断开 ⟶ 电动机断电停转

　　　　　　　　　　　　　　　　　　　　　　　　　　　　　⟶ 自锁触头断开 ⟶ 触除自锁

三、技能训练

（一）工具、仪表和电器元件选择

（1）常用工具　螺钉旋具（分为一字形和十字形）、验电器、钢丝钳、尖嘴钳、断线钳（又称为斜口钳）、剥线钳、电工刀、活扳手等电工常用工具。

（2）常用仪表　万用表（MF47 型）、钳形电流表（MG3—1 型）和绝缘电阻表（ZC25—3 型）。

（3）电器元件规格　按表 2-1-1 配齐电器元件后需进行质量检验，确保无问题后（需得到实训教师的认可）再进行下一步工作。

表 2-1-1　技能训练器材表

序号	名称	代号	型号	规格	数量
1	三相四线电源	AC		AC3×380/220V、20A	1
2	三相笼型异步电动机	M	Y112M-4	4kW、380V、△联结 8.8A、1440r/min	1
3	低压断路器	QF	DZ47—63/3	三极、400V、63A	1
4	螺旋式熔断器	FU1	RL1—60/25	500V、60A、熔体额定电流 25A	3
5	螺旋式熔断器	FU2	RL1—15/2	500V、15A、熔体额定电流 2A	2
6	交流接触器	KM	CJT1—20	20A、线圈电压 220V	1
7	热继电器	KH	JR36—20/3	三极、20A、热元件 11A、整定电流 8.8A	1
8	按钮	SB	LA10—2H	保护式	2
9	接线端子板	XT	JX2—Y010	15A、15 节、600V	1
10	控制安装板			500mm×400mm×30mm	1
11	行线槽			40mm×40mm，两边打 ϕ3.5mm 孔	5m
12	主电路塑铜线			BV—1.5mm^2 和 BVR—1.5mm^2	若干
13	控制电路塑铜线			BV—1mm^2	若干
14	按钮塑铜线			BVR—0.75mm^2	若干
15	接地塑铜线			BVR—1.5mm^2（黄、绿双色线）	若干
16	编码套管				若干
17	紧固体			木螺钉：ϕ3mm×20mm；ϕ3mm×15mm　平垫圈：ϕ4mm	若干

（二）绘制电器元件布置图

电器元件布置图是根据所有电器元件在控制板上的实际位置，采用简化的外形图（如正方形、矩形、圆形等）绘制的一种简图。布置图不表示各电器元件的结构、作用、工作原理和接线情况，且布置图中各电器元件标注的文字符号必须与电气原理图和接线图中标注的文字符号一致。同时布置图必须按电器元件布置图的绘制原则来绘制（布置图画好后，需得到实习指导教师的认可，才能进行下一步的工作）。图 2-1-2 所示为三相异步电动机异地（两地）控制线路的电器元件布置图和安装图。

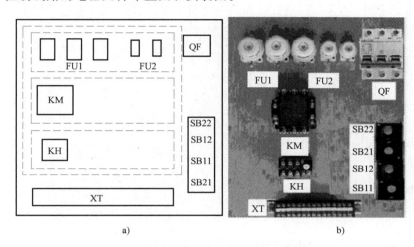

a)　　　　　　　　　　　　b)

图 2-1-2　三相异步电动机异地（两地）控制线路的电器元件布置图和安装图
a）电器元件布置图　b）电器元件安装图

（三）安装接线（安装接线图）步骤和工艺要求

1. 绘制安装接线图

电气安装接线图是根据电气设备和电器元件的布置位置和实际安装位置，根据原理图中各电器元件之间的连接关系而绘制的一种接线图形。图 2-1-3 所示为三相异步电动机异地（两地）控制线路的安装接线图。

2. 电器元件安装

按图 2-1-2 所示布置图在控制电路板上进行电器元件安装，并贴上相应的文字符号。电器元件安装时的工艺要求如下：

1）断路器、熔断器的受电端子应安装在控制电路板的外侧。

2）各电器元件的安装位置应整齐、均匀，间距合理，便于电器元件的更换。

3）紧固各电器元件时，用力要均匀，松紧程度要适中。在紧固熔断器、接触器等易碎电器元件时，应按对角线交叉慢慢紧固螺钉，且应用手按住电器元件，边紧固边轻轻摇动电器元件，直到手摇不动后，再适当紧固即可。

3. 布线及工艺要求

按图 2-1-3 所示的接线图进行接线。在进行板前明线布线时，需遵循下列工艺要求。

1）手工布线时（非模型、模具配线），应符合平直、整齐、紧贴敷设面、走线合理及连接点不得松动、便于检修等要求。

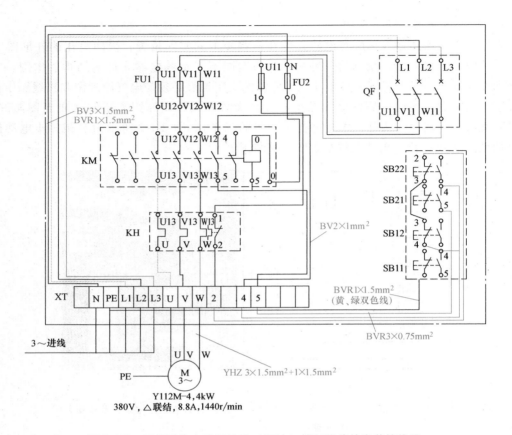

图 2-1-3 三相异步电动机异地（两地）控制线路的安装接线图

2）走线通道应尽可能少，同一通道中的沉底导线，按主电路、控制电路分类集中，单层平行密排或成束，应紧贴敷设面。

3）导线长度应尽可能短，可水平架空跨越，如两个电器元件线圈之间、主触头之间的连线等，在留有一定余量的情况下可不紧贴敷设面。

4）同一平面内的导线应高低一致或前后一致，不能交叉。

5）布线应横平竖直，变换走向应垂直 90°。

6）上、下触头若不在同一垂直线下，不应采用斜线连接。

7）导线与接线端子或接线桩连接时，应不压绝缘层、不反圈及露金属不大于 1mm，并做到同一电器元件、同一回路的不同连接点的导线间距离保持一致。

8）一个电器元件接线端子上的连接导线不得超过两根，每节接线端子板上的连接导线一般只允许连接一根。

9）布线时，严禁损伤线芯和导线绝缘。

10）布线顺序的原则一般是：以接触器为中心，由里向外，由低至高，先控制电路，后主电路的顺序进行。

11）导线截面积不同时，应将截面积大的导线放在下层，截面积小的导线放在上层。

12）多根导线布线时（主电路），应做到整体在同一水平面或同一垂直面。

13）对复杂线路，必须在导线两端套上与原理图中编号相一致的编码套管，以便检查核对接线的正确性及故障查找等。

14）在有条件的情况下，导线应采用颜色标志，即保护接地导线（PE）必须采用黄绿双色；动力电路的中性线（N）和中间线（M）必须是浅蓝色；交流或直流动力电路采用黑色；交流控制电路采用红色；直流控制电路采用蓝色；用作控制电路联锁的导线，如果是与外边控制电路相连接，而且当电源开关断开仍带电时，应采用橘黄色或黄色；与保护导线连接的电路采用白色。

布线接好后，需根据电气原理图中的编号检查控制电路板上的布线是否正确，防止错接和漏接等现象，在确认无错误后，方可进行下一步工作。

4．连接电动机

根据电气原理图将电动机的三相绕组端子 U1、V1、W1 用导线引至相应接线端子上，同时将电动机和按钮的金属外壳与接地线可靠连接，如图 2-1-4 所示。

（四）通电试机

在通电试机时，必须遵循下列步骤。

1）在通电试机时，要认真执行电气安全操作规程的有关规定，一人监护，一人操作。同时需要再次检查控制接线是否有不安全的因素存在，以及检查连接线是否牢固、有无松动现象。

2）电动机、按钮金属外壳必须可靠接地。

3）用绝缘电阻表检查线路的绝缘电阻值，一般不应小于 $1M\Omega$。

图 2-1-4　电动机的接线

4）通电试机前，需经指导教师认可，并在指导教师的操作下接通三相电源 L1、L2、L3。

5）在指导教师现场监护下，学生开始通电操作。

① 合上断路器 QF，接通电源。

② 按下按钮 SB11（甲地），观察接触器、熔断器、热继电器和电动机的工作情况是否正常。若不正常，应立即断电停机。

③ 断电后，对不正常工作的线路接线，学生自行查找故障并进行故障排除（注意：不允许带电检查）。若需再次通电试机，仍然需得到指导教师的认可，并在现场监护。

④ 做好每一次操作情况的记录。

6）同理，进行乙地起动和停止操作，完成两地操作实验。

7）通电试机完毕后，按下停止按钮 SB12，断开电源开关。待电动机停止后，开始拆线，先拆除三相电源线，再拆除电动机的接线。

8）做好实操现场的物品清理和卫生清扫，养成良好的安全文明生产习惯。

➤【课题小结】

本课题的内容结构如下：

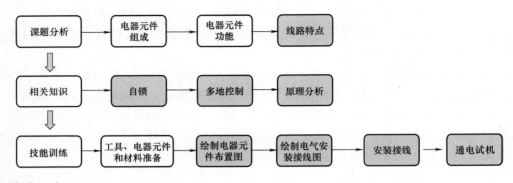

说明：

（1）本课题是学习电气控制的入门知识，对后续内容的学习十分重要。

（2）教学过程中循序渐进、联系实际进行讲授，注意培养学习兴趣。

（3）蓝色框内为本课题的重点内容，应进行重点讲解和指导。

（4）在技能训练过程中，教师要加强巡回指导，及时解决学生遇到的问题。

（5）在试车调试过程中，教师要加强监管，预防触电事故的发生。

➤【效果测评】

根据本课题学习内容，按照表 2-1-2 所列内容，对学习效果进行测评，检验教学达标情况。

表 2-1-2　考核评分记录表

考核目标	考核内容	考核要求	评分标准	配分	自评	互评	师评
知识目标（30分）	电器元件作用	考核对电器元件的熟悉情况	电器元件 2 分；作用 3 分	5			
	自锁	准确理解自锁的概念	概念 2 分；用途 3 分	5			
	多地控制	多地控制的概念和方法	概念 2 分；实现方法 3 分	5			
	原理图组成	组成结构和控制功能	组成结构 2 分；控制功能 3 分	5			
	工作原理	分析原理图的工作原理	口答说明 5 分；完整书写 5 分	10			
能力目标（65分）	准备工作	电器元件检查	漏检或错检一处扣 1 分	5			
	绘图	绘制布置图和接线图	布置图和接线图各 5 分	15			
	电器元件安装	正确、合理安装电路元件	按图施工 5 分；电器元件安装牢固 2 分；电器元件布局合理 3 分；电器元件损坏 每件扣 10 分	10			
	布线	布线正确、合理、规范	按图布线 5 分；布线工艺 10 分；接头符合要求 5 分；绝缘问题和线损情况 5 分；号码套装 5 分；接地线安装 5 分	15			
	通电试机	操作规范正确、安全有序	熔断器选择合理 5 分；热继电器整定 5 分；试机操作规范 5 分；第一次试机不成功，扣 10 分；第二次试机不成功，扣 10 分	10			
	故障排除（由教师设置 1～2 两个故障点）	故障检修的方法	工具、仪表使用 3 分；故障排除时思路正确 5 分；故障排除时方法正确 5 分；不能排除故障，扣 10 分	10			
安全文明（5分）		劳保用品穿戴符合劳动保护相关规定；现场使用符合安全生产规程		5			
总　分				100			

课题二　三相笼型异步电动机双重联锁正反转电气控制

本课题是三相笼型异步电动机拖动生产机械实现正反转控制的一个典型控制课题。课题包含交流异步电动机正反转的实现方式，还包含按钮联锁与接触器触头联锁等内容。学习本课题对于系统掌握电气控制技术意义重大。

➤【教学目标】

知识目标：

（1）掌握交流电动机正反转控制原理。

（2）掌握本课题电气控制线路的构成，熟悉电器元件的功能和作用。

（3）准确理解联锁、按钮联锁、触头联锁、复合联锁与自锁的概念。

（4）能够根据本课题电气原理图，分析说明其工作原理。

能力目标：

（1）熟练识读本课题的电气原理图，熟悉控制原理和方法，理解设计思路与步骤。

（2）正确绘制本课题电器元件布置图和电气安装接线图，培养绘图能力。

（3）根据电器元件布置图和电气安装接线图，进行安装接线，掌握电气安装的布局与接线方法。

（4）通过通电调试，掌握本课题电气控制线路通电调试的方法和步骤。

➤【教学任务】

进行课题分析；相关知识讲解；技能训练。

➤【教·学·做】

一、课题分析

在实际应用中，往往要求生产机械能够改变运动方向，如机床工作台的前进与后退，电梯的上升与下降，起重机的左右转动等，这些设备都要求拖动生产机械的电动机能够实现正反转控制。本课题着重分析与介绍按钮、接触器双重联锁正反转控制线路，如图 2-2-1 所示。

控制线路主要由电源开关断路器 QF、用于主电路短路保护的熔断器 FU1、用于控制电路短路保护的熔断器 FU2、正转起动按钮 SB1、反转起动按钮 SB2、停止按钮 SB3、正转控制用接触器 KM1、反转控制用接触器 KM2、作电动机过载保护用的热继电器 KH 和三相交流电动机 M 组成。控制重点是对两个接触器 KM1、KM2 的通电或断电，关键是接触器 KM1 主触头和 KM2 主触头的闭合调相（即 KM1 闭合时相序为 L1—U、L2—V、L3—W，KM2 闭合时的相序为 L1—W、L2—V、L3—U）、按钮联锁和接触器联锁而实现的双重联锁，此外还有 KM1（线号 3—4 间）、KM2（线号 3—7 间）常开触头的自锁。

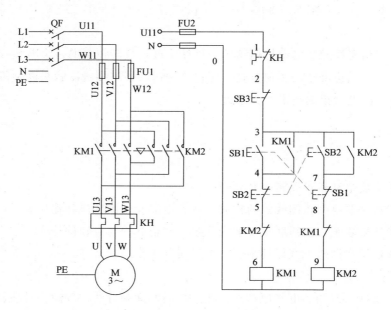

图 2-2-1　按钮、接触器双重联锁正反转控制线路

二、相关知识

1. 正反转控制原理

对于三相异步电动机来说，要改变电动机的转向，只要对通入电动机的三相电源其中两相进行对调，就可以实现电动机旋转方向的改变。在实际工作中，可采用手动控制和自动控制两种方法加以实现。

（1）手动控制　使用倒顺开关可控制电动机的正反转。倒顺开关，又叫作可逆转换开关，利用改变电源相序的方法来实现电动机手动正反转控制，如图 2-2-2 所示。

操作倒顺开关，当手柄处于"停"位置时，QS 开关的动、静触头不接触，电路不通，电动机不转；当手柄处于"顺"位置（左侧）时，QS 开关的动、静触头接触，电路按 L1—U、L2—V、L3—W 相序接通，电动机正转；当手柄处于"倒"位置时，QS 开关的动、静触头接触，电路按 L1—W、L2—V、L3—U 相序接通，电动机反转。无论开关处于"倒"和"顺"位置，中间的相序始终保持不变，只是另外两相进行对调。

（2）自动控制　上述利用倒顺开关手动控制的倒相

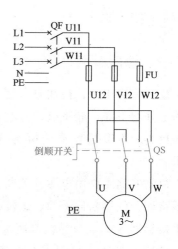

图 2-2-2　倒顺开关正反转控制线路

过程，分别利用两个接触器的主触头来进行替代，通过控制接触器的通断，就可改变电动机定子绕组中电源的相序，从而实现电动机的正反转。图 2-2-3 所示为采用接触器控制的三相笼型异步电动机的正反转自动控制线路。图中，熔断器 FU 起短路保护作用；热继电器 KH 起过载保护作用；接触器带有失电压、欠电压保护功能。此外，还增加了电气联锁（互锁）。

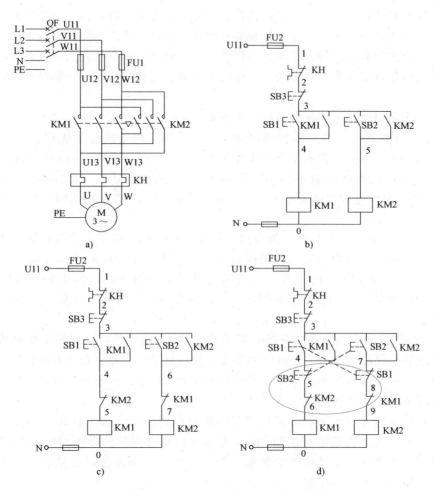

图 2-2-3　三相笼型异步电动机的正反转自动控制线路

a）主电路　b）无联锁（互锁）控制　c）具有电气互锁的控制　d）具有双重互锁的控制

2. 电气联锁

很显然，在接触器自动控制线路中，任意时刻，只能允许其中一个接触器通电，如果两个接触器出现同时得电的情况，就会造成电源短路的严重后果。为避免此类情况的发生，在其中一个接触器得电时，就要确保另外一个接触器不能得电，反之亦然。这种特殊的工作关系简称为联锁关系，意为"联动锁定"的意思。联锁也被称为"互锁"，互锁意为"互相锁定"的意思，称谓不同，但道理相同。

在正反转电气控制线路中，可以通过正反转接触器的辅助触头和正反转按钮的触头分别实现"联锁"，这种方式被称为电气联锁。用接触器触头实现的联锁被称为接触器触头联锁；通过正反转按钮实现的联锁被称为按钮联锁。

接触器触头联锁的具体做法是，在用来控制正反转的两条控制支路中，将一个接触器的一对常闭辅助触头串入对方的控制支路之中，这就确保了在一条支路中的接触器动作时，其常闭触头就断开了另外一条支路，确保了位于另外一条支路的那个接触器线圈无法得电，反之亦然。另外一条支路的接触器若要得电，必须先解除互锁，才能实现。

按钮联锁的具体做法是，正反转控制按钮采用复合按钮，将正转复合按钮的常闭触头串联接入反转控制支路中；将反转复合按钮的常闭触头串联接入正转控制支路中。当按下正转按钮时，就会首先断开反转控制支路；当按下反转按钮时，就会首先断开正转控制支路。通过按钮的触头联锁就能够有效避免两条支路同时得电，造成正反转接触器线圈同时得电的情况发生。

联锁的作用可以通过下面的分析进一步得知。

1）由主电路（图 2-2-3a）和控制电路（图 2-2-3b）组合构成了无联锁正反转控制线路。该控制线路工作可靠，但不安全，操作不便。因为由正转控制转换成反转控制（或由反转控制转换成正转控制）的过程中，均需先按停止按钮 SB3，再按起动按钮 SB2（或 SB1）。若操作错误将导致主电路中发生由 KM1 主触头和 KM2 主触头同时闭合引起的相间短路。

2）由主电路（图 2-2-3a）和控制电路（图 2-2-3c）组合构成了接触器联锁正反转控制线路。该控制线路工作可靠和安全，但操作不便。因为由正转控制转换成反转控制（或由反转控制转换成正转控制）的过程中，均需先按停止按钮 SB3，再按起动按钮 SB2（或 SB1）。若操作顺序错误，因接触器联锁触头（或互锁触头）作用，所以不会导致主电路中发生相间短路。

3）由主电路（图 2-2-3a）和控制电路（图 2-2-3d）组合构成了按钮、接触器双重联锁正反转控制线路。该控制线路工作可靠和安全，操作灵活。为克服接触器联锁正反转控制线路和无联锁正反转控制线路的不足，在接触器联锁的基础上，又增加了按钮联锁，就构成按钮、接触器双重联锁正反转控制线路。

双重联锁正反转控制线路在由正转控制转换成反转控制（或由反转控制转换成正转控制）操作时，均不需要先按停止按钮 SB3，而是可以直接按起动按钮 SB2（或 SB1）。即便操作顺序错误，由于有了接触器联锁触头（或互锁触头）和按钮联锁触头的双重作用，也不会导致主电路中发生相间短路。

另外，在生产过程中，需要对一些生产机械运动部件的行程或位置加以限制，例如，有的生产机械的工作台要求在一定行程内自动往返运动，以便实现对工件的连续加工，这样有利于提高生产效率。在摇臂钻床、万能铣床、镗床、桥式起重机及各种自动或半自动控制机床设备中就经常遇到这种控制要求。这种要求可以在按钮、接触器双重联锁正反转控制线路的基础上增加行程开关控制来实现，即用行程开关来控制电动机正反转的行程或位置。图 2-2-4 所示为在双重联锁正反转的基础上增加了行程开关来控制电动机的自动往返控制线路。

3. 工作原理分析

按钮、接触器双重联锁正反转控制线路（图 2-2-1）的工作原理如下。

先合上断路器 QF，接通电源。

（1）正转起动

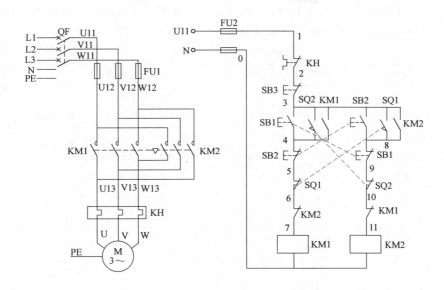

图 2-2-4　双向起动的自动往返控制线路

（2）反转起动

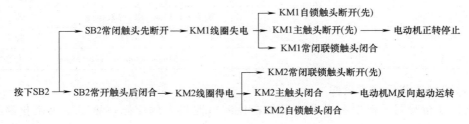

（3）停止

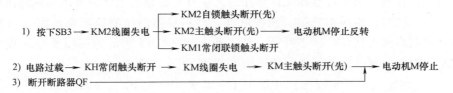

三、技能训练

（一）工具、仪表和电器元件选择

（1）常用工具　螺钉旋具（分为一字形和十字形）、验电器、钢丝钳、尖嘴钳、断线钳（又称为斜口钳）、剥线钳、电工刀、活扳手等工具。

（2）常用仪表　万用表（MF47型）、钳形电流表（MG3—1型）、绝缘电阻表（ZC25—3型）或自定。

（3）电器元件规格　按表 2-2-1 配齐电器元件后需进行质量检验，确保无问题后（需得到实训指导教师的认可）再进行下一步工作。

表 2-2-1　技能训练器材表

序号	名称	代号	型号	规格	数量	备注
1	三相四线电源	AC		AC3×380/220V、20A	1	
2	三相笼型异步电动机	M	Y112M—4	4kW、380V、△联结、8.8A、1440r/min	1	
3	低压断路器	QF	DZ47—63/3	三极、400V、63A	1	
4	螺旋式熔断器	FU1	RL1—60/25	500V、60A、熔体额定电流 25A	3	
5	螺旋式熔断器	FU2	RL1—15/2	500V、15A、熔体额定电流 2A	2	
6	交流接触器	KM	CJT1—20	20A、线圈电压 220V	2	
7	热继电器	KH	JR36—20/3	三极、20A、热元件 11A、整定电流 8.8A	1	
8	正转起动按钮	SB1	LA10—3H	保护式	1	绿色
	反转起动按钮	SB2				黑色
	停止按钮	SB3				红色
9	接线端子板	XT	JX2—Y010	15A、15 节、600V	1	
10	控制安装板			500mm×500mm×30mm	1	
11	行线槽			40mm×40mm，两边打 ϕ3.5mm 孔	5m	
12	主电路塑铜线			BV—1.5mm² 和 BVR—1.5mm²	若干	
13	控制电路塑铜线			BV—1mm²	若干	
14	按钮塑铜线			BVR—0.75mm²	若干	
15	接地塑铜线			BVR—1.5mm²（黄、绿双色线）	若干	
16	编码套管			自定	若干	
17	紧固体			木螺钉 ϕ3mm×20mm；ϕ3mm×15mm	30 个	

（二）绘制电器元件布置图

电器元件布置图是根据所有电器元件在控制电路板上的实际位置，采用简化的外形图（如正方形、矩形、圆形等）绘制的一种简图。布置图不表示各电器的结构、作用、工作原理和接线情况，且布置图中各电器元件标注的文字符号必须与电气原理图和接线图中标注的文字符号一致。同时，所画布置图必须按电器元件布置图的绘制原则来绘制（布置图画好后，需得到实训教师的认可，再进行下一步工作）。图 2-2-5 所示为三相笼型异步电动机双重联锁正反转电气控制的电器元件布置图和安装图。

（三）安装接线（安装接线图）步骤和工艺要求

1. 绘制安装接线图

电气安装接线图是根据电气设备和电器元件的布置位置和实际安装位置，根据原理图中各电器元件之间的连接关系而绘制的一种接线图形。图 2-2-6 所示为三相笼型异步电动机双重联锁正反转电气控制的安装接线图。

2. 电器元件安装

按图 2-2-5 所示布置图在控制电路板上进行电器元件安装，并贴上相应的文字符号。电器元件安装时的工艺要求如下。

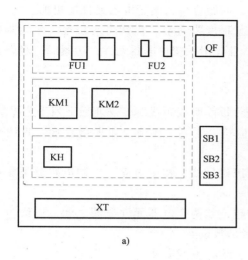
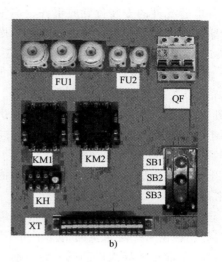

图 2-2-5　三相笼型异步电动机双重联锁正反转电气控制的电器元件布置图和安装图

a）电器元件布置图　b）电器元件安装图

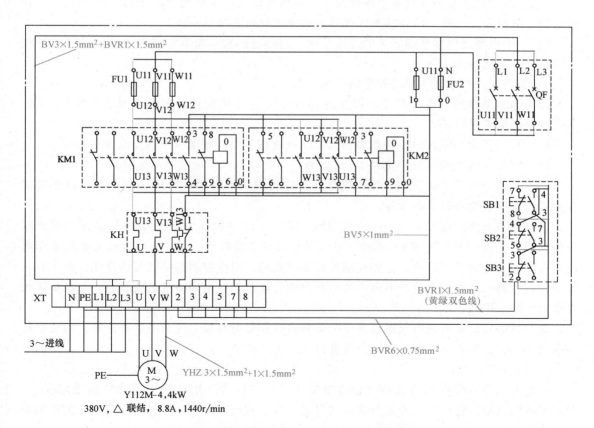

图 2-2-6　三相笼型异步电动机双重联锁正反转电气控制的安装接线图

1）断路器、熔断器的受电端子应安装在控制电路板的外侧。

2）各电器元件的安装位置应整齐、均匀，间距合理，便于电器元件的更换。

3）紧固各电器元件时，用力要均匀，松紧程度要适中。在紧固熔断器、接触器等易碎电器元件时，应按对角线交叉慢慢紧固螺钉，且应用手按住电器元件，边紧固边轻轻摇动电器元件，直到手摇不动后，再适当紧固。

3．布线及工艺要求

按图 2-2-6 所示的接线图进行接线。在进行板前明线布线时，需遵循下列工艺要求。

1）手工布线时（非模型、模具配线），应符合平直、整齐、紧贴敷设面、走线合理及连接点不得松动便于检修等要求。

2）走线通道应尽可能少，同一通道中的沉底导线，按主电路、控制电路分类集中，单层平行密排或成束，应紧贴敷设面。

3）导线长度应尽可能短，可水平架空跨越，如两个电器元件线圈之间、连线主触头之间的连线等，在留有一定余量的情况下可不紧贴敷设面。

4）同一平面内的导线应高低一致或前后一致，不能交叉。

5）布线应横平竖直，变换走向应垂直 90°。

6）上、下触头若不在同一垂直线下，不应采用斜线连接。

7）导线与接线端子或接线桩连接时，应不压绝缘层、不反圈及露金属不大于 1mm，并做到同一电器元件、同一回路的不同连接点的导线间距离保持一致。

8）一个电器元件接线端子上的连接导线不得超过两根，每节接线端子板上的连接导线一般只允许连接一根。

9）布线时，严禁损伤线芯和导线绝缘。

10）布线顺序的原则一般是：以接触器为中心，由里向外，由低至高，先控制电路，后主电路的顺序进行。

11）导线截面积不同时，将截面积大的导线放在下层，截面积小的导线放在上层。

12）多根导线布线时（主电路），应做到整体在同一水平面或同一垂直面。

13）对复杂线路，必须在导线两端套上与原理图中编号相一致的编码套管，以便检查核对接线的正确性及故障查找等。

14）在有条件的情况下，导线应采用颜色标志，即保护接地导线（PE）必须采用黄绿双色；动力电路的中性线（N）和中间线（M）必须是浅蓝色；交流或直流动力电路采用黑色；交流控制电路采用红色；直流控制电路采用蓝色；用作控制电路联锁的导线，如果是与外边控制电路相连接，而且当电源开关断开但仍带电时，应采用橘黄色或黄色；与保护导线连接的电路采用白色。

布线接好后，需根据电气原理图中的编号检查控制电路板上的布线是否正确，防止错接和漏接等现象，在确认无错误后，方可进行下一步工作。

4．连接电动机

根据电气原理图将电动机的三相绕组端子 U1、V1、W1 用导线引至相应接线端子上。同时将电动机和按钮的金属外壳与接地线可靠连接。双重联锁正反转控制线路的工艺接线图如图 2-2-7 所示。

（四）通电试机

在通电试机时，必须遵循下列步骤。

1）检查熔断器、交流接触器、热继电器、按钮位置是否正确、有无损坏，导线规格是否符合设计要求，操作按钮和接触器是否灵活可靠，热继电器和时间继电器的整定值是否正确，信号和指示是否正确。同时，检查连接线是否牢固、有无松动现象。

2）电动机、按钮金属外壳必须可靠接地。

3）在通电试机时，要认真执行电气安全操作规程的有关规定，一人监护，一人操作。同时需要再次检查控制接线是否有不安全的因素存在。

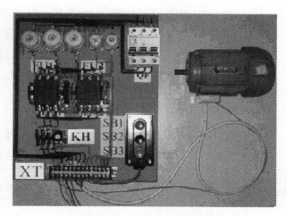

图 2-2-7　双重联锁正反转控制线路的工艺接线图

4）用绝缘电阻表检查线路的绝缘电阻值，一般不应小于 $1M\Omega$。

5）通电试机前，需经指导教师认可，并在指导教师的操作下接通三相电源 L1、L2、L3。

6）在指导教师现场监护下，学生开始通电操作。

① 合上断路器 QF，接通电源。

② 按下按钮 SB1 正转起动，观察按钮、接触器、熔断器、热继电器和电动机的工作情况是否正常，或按下按钮 SB2 反转起动，观察按钮、接触器、熔断器、热继电器和电动机的工作情况是否正常，若不正常，应立即断电停机。

③ 断电后，对不正常工作的线路接线，学生自行故障查找并进行故障排除（注：不允许带电检查）。若需再次通电试机，仍然需得到指导教师的认可，并在现场监护。

④ 做好每一次操作情况的记录。

7）试机成功率以第一次按下按钮通电时为准。

8）通电试机完毕后，按下停止按钮 SB3，待电动机停止后，断开电源开关，开始拆线，先拆除三相电源线，再拆除电动机的接线。

➤【课题小结】

本课题的内容结构如下：

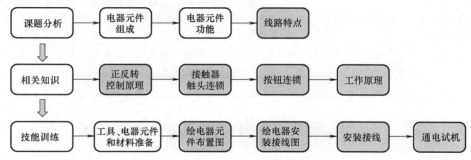

说明：

（1）本课题是交流电动机正反转控制典型案例，对后续的学习十分重要。

（2）教学过程中应循序渐进、联系实际进行讲授，注意培养学习兴趣。

（3）蓝色框内为本课题的重点内容，应进行重点讲解和指导。

（4）在技能训练过程中，教师要加强巡回指导，及时解决学生遇到的问题。

（5）在试机调试过程中，教师要加强监管，预防触电事故的发生。

➤【效果测评】

根据本课题学习内容，按照表2-2-2所列内容，对学习效果进行测评，检验教学达标情况。

表2-2-2　考核评分记录表

考核目标	考核内容	考核要求	评分标准	配分	自评	互评	师评
知识目标（30分）	交流电动机正反转控制原理	交流电动机正反转的基本原理和控制方法	基本原理2分；控制方法3分	5			
	联锁	准确理解基本概念和作用	概念2分；作用3分	5			
	接触器触头联锁	准确理解基本概念和用途	概念2分；用途3分	5			
	按钮联锁	准确理解基本概念和用途	概念2分；用途3分	5			
	工作原理	分析原理图的工作原理	口答说明5分；完整书写5分	10			
能力目标（65分）	准备工作	电器元件检查	电器元件的漏检或错检，每一处扣1分	5			
	绘图	绘制电器元件布置图和电气安装接线图	电器元件布置图5分；电器安装接线图5分	15			
	电器元件安装	正确、合理安装电器元件	按图施工5分；电器元件安装牢固2分；电器元件布局合理3分；电器元件损坏，每件扣10分	10			
	布线	布线正确、合理、规范	按图布线5分；布线工艺10分；接头符合要求5分；绝缘问题和线损情况5分；号码套装5分；接地线安装5分	15			
	通电试机	操作规范正确、安全有序	熔断器选择合理5分；热继电器整定5分；试机操作规范5分；第一次试机不成功，扣10分；第二次试机不成功，扣10分	10			
	故障排除（由教师设置1~2两个故障点）	故障检修的方法	工具、仪表使用3分；故障排除时思路正确5分；故障排除时方法正确5分；不能排除故障，扣10分	10			
安全文明（5分）		劳保用品穿戴符合劳动保护相关规定；现场使用符合安全文明生产规程		5			
总　　分				100			

课题三　三相笼型异步电动机Ｙ/△减压起动控制

Ｙ/△减压起动是三相笼型异步电动机减压起动的一个典型案例，同时也是三相交流异步电动机在生产、生活中最常见的一种起动和控制方式。学习和掌握本课题，对于进一步理解和掌握减压起动的目的和起动方式的实现具有非常重要的意义。

➤【教学目标】

知识目标：

（1）明晰三相交流异步电动机直接起动的危害。

（2）掌握三相笼型异步电动机丫联结和△联结及其特点。

（3）掌握三相笼型异步电动机丫/△减压起动的原理。

（4）掌握三相笼型异步电动机丫/△减压起动电流变化、转矩变化情况；理解丫/△减压起动的局限性。

能力目标：

（1）根据本课题的电气原理图，能够熟练分析其工作原理。

（2）能够熟练绘制本课题的电气原理图。

（3）能够熟练绘制电器元件布置图和电气安装接线图。

（4）根据电器元件布置图和安装接线图进行安装接线并通电试机。

（5）掌握三相笼型异步电动机丫/△减压起动控制线路的故障检修方法。

➤【教学任务】

三相笼型异步电动机丫/△减压起动控制课题分析；丫/△减压起动相关知识；技能训练。

➤【教·学·做】

一、课题分析

凡是正常运行时定子绕组需做△联结的三相笼型异步电动机，均可以采用丫/△减压起动（星形/三角形减压起动）方法进行起动。在起动时三相定子绕组做丫联结减压起动，待电动机起动起来，经过一段时间，转接为△联结，电动机在额定电压下全压运行。

图 2-3-1 所示为时间继电器控制丫/△减压起动控制线路的电气原理图。

控制线路中电源开关为断路器 QF；FU1 为主电路的短路保护用熔断器；FU2 为控制电路的短路保护用熔断器；SB1 为起动按钮，SB2 为停止按钮；KM 为控制电动机电源通断的接触器，KM丫为电动机丫联结时起动用接触器，KM△为△联结全压运行用接触器；KT 为通电延时型时间继电器，对电动机由丫联结起动到△联结运行之间进行定时控制，时间整定为5s；KH 为电动机的过载保护用热继电器。

二、相关知识

三相异步电动机的起动是指异步电动机在接通电源后，从静止状态到达额定转速稳定运行状态的过渡过程。三相笼型异步电动机的起动有两种方式，第一种是直接起动，第二种是减压起动。

1. 直接起动

直接起动就是将额定电压直接施加在电动机定子绕组两端的起动方式。

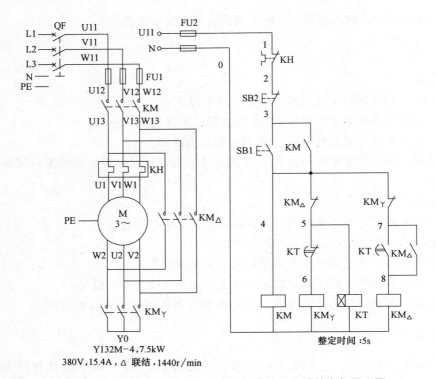

图 2-3-1　时间继电器控制丫/△减压起动控制线路的电气原理图

直接起动的优点是所需设备少、起动方式简单、成本低和操作都比较简便，其缺点就是起动电流大（定子绕组中的起动电流通常为额定电流的 4~7 倍）。如此之大的起动电流对线路、电动机及机械设备的损害都是非常严重的。能够直接起动的三相笼型异步电动机必须满足下列两个条件之一，方可采取直接起动。

1）通常规定，电源容量在 180kV·A 以上，电动机的功率在 7kW 以下的三相异步电动机可以采取直接起动。

2）在工程实践中，可按下面的经验公式来判定一台电动机能否直接起动，即

$$\frac{I_{ST}}{I_N} \leqslant \frac{3}{4} + \frac{S_N}{4P_N}$$

式中，I_{ST} 为电动机的起动电流；I_N 为电动机的额定电流；P_N 为电动机的额定功率（kW）；S_N 为电源变压器的总容量（kV·A）。

凡是不能满足上述要求的三相笼型异步电动机，必须采取限制起动电流的减压起动方法进行起动。

2. 减压起动

减压起动是指起动时利用起动设备将电压适当降低后，施加在电动机的三相定子绕组上而进行的起动，待电动机起动转速接近额定转速时，再恢复额定电压供电使其进入额定状态下的正常运转。

但是，减压起动的结果，虽然可以限制起动电流，却会使起动转矩下降较多（因为 T_{ST} 与电源电压 U_1 的二次方成正比例，即 $T \propto U^2$），所以减压起动只适用于在空载或轻载情况下

起动电动机。

通常，三相笼型异步电动机减压起动的常用方法有：定子绕组串电阻或电抗器减压起动、Y/△减压起动、定子绕组串自耦变压器减压起动、延边三角形减压起动。本课题着重介绍三相笼型异步电动机Y/△减压起动控制线路的相关知识。

3. Y/△减压起动原理

图 2-3-2 所示为三相笼型异步电动机Y联结和△联结的绕组接线图。

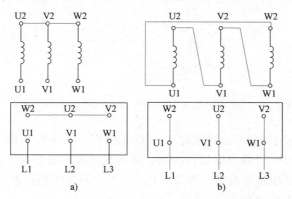

图 2-3-2　三相笼型异步电动机Y联结
和△联结的绕组接线图
a）Y联结　b）△联结

Y/△减压起动，就是在电动机起动时，将电动机的三个绕组的尾端 U2、V2、W2 连接起来，将首端 U1、V1、W1 分别与三相交流电源 L1、L2、L3 相连，如图 2-3-2a 所示；这种连接方式展开来看，三个绕组形状如"Y"，故称为Y联结。电动机在Y联结状态下得电起动，当转速上升到一定值时，再将三个绕组变为首尾相连，即 W2 与 U1 相连，U2 与 V1 相连，V2 与 W1 相连，然后再分别与电源 L1、L2、L3 连接，如图 2-3-2b 所示，这种连接方式展开来看，三个绕组形状如"△"，故称为△联结。电动机在△联结状态下加上全部电压，进一步提速至额定状态下运行。因此，Y/△减压起动过程被描述为Y联结减压起动，△联结全压运行。

三相笼型异步电动机Y/△减压起动的结果，虽可以限制（降低）了起动电流，但随着起动电压的降低，起动转矩随之大幅度降低。通过分析得知，Y联结减压起动的情况下，加在电动机定子绕组上的电压为相电压，仅为正常运行电压（线电压）的 $1/\sqrt{3}$ 倍，起动电流为△联结的 1/3 倍，起动转矩为△联结的 1/3 倍（T_{ST} 与电源电压 U_1 的二次方成正比）。因此，这种起动方式只适用于正常运转时定子绕组为△联结，且为空载和轻载起动的笼型异步电动机，特别是对于 7.5kW 以下的小功率电动机，仍是一种常见起动方式。

4. Y/△减压起动的控制

（1）手动控制Y/△减压起动　图 2-3-3 所示为手动控制Y/△减压起动控制线路的电气原理图。

它的工作原理是：起动时，先将转换开关 QS2 投向星形起动位置，将定子绕组接成星形，然后合上电源控制开关 QS1。当转速上升接近额定转速后，再将 QS2 切换到三角形运行的位置上，电动机便接成三角形在全压下正常工作。

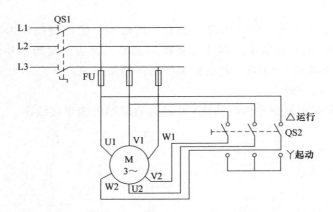

图 2-3-3　手动控制丫/△减压起动控制线路的电气原理图

（2）时间继电器自动控制丫/△减压起动　手动控制丫/△减压起动，操作麻烦而且切换时间难以掌控，通常采用时间继电器进行控制，既实现了起动过程的自动切换，而且切换时间可以根据实际需要灵活地进行整定。图 2-3-1 所示为时间继电器控制丫/△减压起动控制线路的电气原理图。其工作原理如下。

合上电源开关 QF，主电路和控制电路通电。

（1）起动

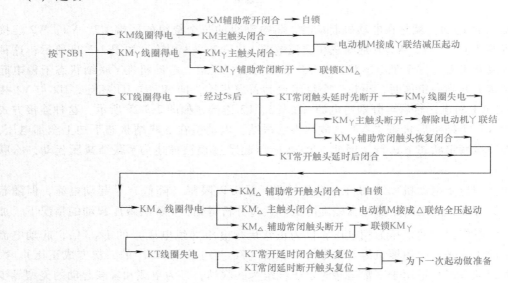

（2）停止　按下 SB2 即可。

（3）延边三角形减压起动　丫/△减压起动由于起动转矩过低，很难满足电动机带负载起动要求，为了克服丫/△减压起动时起动电压偏低、起动转矩偏小的缺点，在丫/△减压起动的基础上加以改进而形成了一种延边三角形减压起动方式。

延边三角形减压起动，是指电动机起动时，把定子三相绕组的一部分联结成三角形，另一部分联结成星形，每相绕组上所承受的电压比丫联结时的相电压要低，比△联结时的相电压要高，待电动机起动运转后，再定子绕组改接成三角形全压运行，如图 2-3-4 所示。

三、技能训练

（一）工具、仪表和电器元件选择

（1）常用工具　螺钉旋具（分为一字形和十字形）、验电器、钢丝钳、尖嘴钳、断线钳（又称为斜口钳）、剥线钳、电工刀、活扳手等电工常用工具。

（2）常用仪表　万用表（MF47型）、钳形电流表（MG3—1型）、绝缘电阻表（ZC25—3型）或自定。

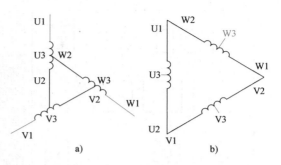

图 2-3-4　延边三角形减压起动控制
线路的绕组联结方式
a）起动时　b）运行时

（3）电器元件规格　按表2-3-1配齐电器元件后需进行质量检验，确保无问题后（需得到实训教师的认可）再进行下一步工作。

表 2-3-1　技能训练器材表

序号	名称	代号	型号	规格	数量
1	三相四线电源	AC		AC3×380/220V、20A	1
2	三相笼型异步电动机	M	Y132M—4	7.5kW、380V、△联结、15.4A、1440r/min	1
3	低压断路器	QF	DZ47—63/3	三极、400V、63A	1
4	螺旋式熔断器	FU1	RL1—60/25	500V、60A、熔体额定电流25A	3
5	螺旋式熔断器	FU2	RL1—15/2	500V、15A、熔体额定电流2A	2
6	交流接触器	KM	CJT1—20	20A、线圈电压220V	3
7	热继电器	KH	JR36—20/3	三极、20A、热元件11A、整定电流8.8A	1
8	时间继电器	KT	JS7—2A	线圈电压220V（或JS20）	1
9	按钮	SB	LA10—2H	保护式	1
10	接线端子板	XT	JX2—Y010	15A、15节、600V	1
11	控制安装板			500mm×600mm×30mm	1
12	行线槽			40mm×40mm,两边打ϕ3.5mm孔	5m
13	主电路塑铜线			BV—2.5mm^{2}和BVR—2.5mm^2	若干
14	控制电路塑铜线			BV—1mm^2	若干
15	按钮塑铜线			BVR—0.75mm^2	若干
16	接地塑铜线			BVR—1.5mm^2（黄、绿双色线）	若干
17	编码套管				若干
18	紧固体			木螺钉：ϕ3mm×20mm；ϕ3mm×15mm 平垫圈：ϕ4mm	若干

（二）绘制电器元件布置图

电器元件布置图是根据所有电器元件在控制电路板上的实际位置，采用简化的外形图（如矩形、圆形等）绘制的一种简图。布置图不表示各电器的结构、作用、工作原理和接线情况，且布置图中各电器元件标注的文字符号必须与电气原理图和接线图中标注的文字符号一致。同时所画布置图必须按电器元件布置图的绘制原则来绘制（布置图画好后需得到实训教师的认可，再进行下一步工作），如图2-3-5所示。

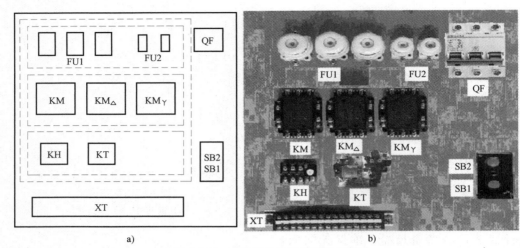

图 2-3-5　电器元件布置图和安装图

a）电器元件布置图　b）电器元件安装图

（三）安装接线（安装接线图）步骤和工艺要求

1. 绘制安装接线图

电气安装接线图是根据电气设备和电器元件的布置位置和实际安装位置，根据原理图中各电器之间的连接关系而绘制的一种接线图形。图 2-3-6 所示为三相笼型异步电动机丫/△减压起动控制的安装接线图。

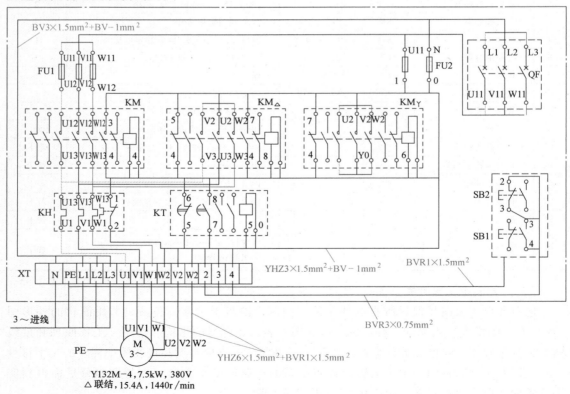

图 2-3-6　三相笼型异步电动机丫/△减压起动控制的安装接线图

2. 电器元件安装

按图 2-3-5 所示布置图在控制电路板上进行电器元件安装，并贴上相应的文字符号。电器元件安装时的工艺要求如下。

1）断路器、熔断器的受电端子应安装在控制电路板的外侧。

2）各电器元件的安装位置应整齐、均匀，间距合理，便于电器元件的更换。

3）紧固各电器元件时，用力要均匀，松紧程度要适中。在紧固熔断器、接触器等易碎电器元件时，应按对角线交叉慢慢紧固螺钉，且应用手按住电器元件，边紧固边轻轻摇动电器元件，直到手摇不动后，再适当紧固即可。

3. 布线及工艺要求

按图 2-3-6 所示的接线图进行接线。在进行板前明线布线时，需遵循下列工艺要求。

1）手工布线时（非模型、模具配线），应符合平直、整齐、紧贴敷设面、走线合理及连接点不得松动便于检修等要求。

2）走线通道应尽可能少，同一通道中的沉底导线，按主电路、控制电路分类集中，单层平行密排或成束，应紧贴敷设面。

3）导线长度应尽可能短，可水平架空跨越，如两个电器元件线圈之间、连线主触头之间的连线等，在留有一定余量的情况下可不紧贴敷设面。

4）同一平面内的导线应高低一致或前后一致，不能交叉。

5）布线应横平竖直，变换走向应垂直 90°。

6）上、下触头若不在同一垂直线下，不应采用斜线连接。

7）导线与接线端子或接线桩连接时，应不压绝缘层、不反圈及露金属不大于 1mm，并做到同一电器元件、同一回路的不同连接点的导线间距离保持一致。

8）一个电器元件接线端子上的连接导线不得超过两根，每节接线端子板上的连接导线一般只允许连接一根。

9）布线时，严禁损伤线芯和导线绝缘。

10）布线顺序的原则一般是：以接触器为中心，由里向外，由低至高，先控制电路，后主电路的顺序进行。

11）导线截面积不同时，应将截面积大的导线放在下层，截面积小的导线放在上层。

12）多根导线布线时（主电路），应做到整体在同一水平面或同一垂直面。

13）对复杂线路，必须在导线两端套上与原理图中编号相一致的编码套管，以便于检查核对接线的正确性及故障查找等。

14）在有条件的情况下，导线应采用颜色标志，即保护接地导线（PE）必须采用黄绿双色；动力电路的中性线（N）和中间线（M）必须是浅蓝色；交流或直流动力电路采用黑色；交流控制电路采用红色；直流控制电路采用蓝色；用作控制电路联锁的导线，如果是与外边控制电路相连接，而且当电源开关断开仍带电时，应采用橘黄色或黄色；与保护导线连接的电路采用白色。

布线接好后，需根据电气原理图中的编号检查控制电路板上的布线是否正确，防止错接和漏接等现象，在确认无错误后，再进行下一步工作。

4. 连接电动机

根据电气原理图将电动机的三相绕组端子 U1、V1、W1 和 U2、V2、W2 用导线引至相应接线端子上。将电动机和按钮的金属外壳与接地线可靠连接。

图 2-3-7 所示为三相笼型异步电动机丫/△减压起动控制的配电箱。

图 2-3-7　三相笼型异步电动机丫/△减压起动控制的配电箱

（四）通电试机

在通电试机时，必须遵循下列步骤。

1）检查熔断器、交流接触器、热继电器、按钮位置是否正确、有无损坏，导线规格是否符合设计要求，操作按钮和接触器是否灵活可靠，热继电器和时间继电器的整定值是否正确，信号和指示是否正确。同时检查连接线是否牢固、有无松动现象。

2）电动机、按钮金属外壳必须可靠接地。

3）在通电试机时，要认真执行电气安全操作规程的有关规定，一人监护，一人操作，同时需再次检查控制接线是否有不安全的因素存在。

4）用绝缘电阻表检查线路的绝缘电阻值，一般不应小于 1MΩ。

5）通电试机前，需经指导教师认可，并在指导教师的操作下接通三相电源 L1、L2、L3。

6）在指导教师现场监护下，学生开始通电操作。

① 合上电源开关 QF。

② 按下按钮 SB1，观察按钮、接触器、熔断器、热继电器、时间继电器和电动机的工作情况是否正常。若不正常，应立即断电停机。

③ 断电后，对不正常工作的线路接线，学生自行故障查找并进行故障排除（注：不允许带电检查）。若需再次通电试机，仍然需得到指导教师的认可，并在现场监护。

④ 做好每一次操作情况的记录。

7）试车成功率以第一次按下按钮通电时为准。

8）通电试机完毕后，按下停止按钮 SB2，待电动机停止后，断开电源开关，开始拆线，先拆除三相电源线，再拆除电动机的接线。

➤【课题小结】

本课题的内容结构如下：

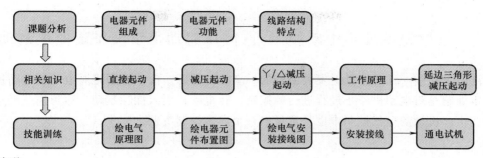

说明：

（1）本课题是交流电动机减压起动控制典型案例，对于后续的学习十分重要。

（2）教学过程中应循序渐进、联系实际进行讲授，注意培养学生的学习兴趣。

（3）彩色框内为本课题的重点内容，应重点讲解和指导。

（4）在技能训练过程中，教师要加强巡回指导，及时解决学生遇到的问题。

（5）在试机调试过程中，教师要加强监管，预防触电事故的发生。

➤【效果测评】

根据本课题学习内容，按照表 2-3-2 所列内容，对学习效果进行测评，检验教学达标情况。

表 2-3-2 考核评分记录表

考核目标	考核内容	考核要求	评分标准	配分	自评	互评	师评
知识目标（35分）	直接起动	掌握直接起动的定义和危害	定义 2 分；危害 3 分	5			
	减压起动	掌握减压起动的定义和种类	定义 2 分；种类 3 分	5			
	Y/△减压起动	掌握 Y/△减压起动的定义、控制方法、参数变化情况	概念 2 分；控制方法 3 分；利弊分析 5 分	10			
	延边三角形减压起动	准确理解基本概念、特点	概念 2 分；特点 3 分	5			
	工作原理分析	分析时间继电器控制 Y/△减压起动的工作原理	口答说明 5 分；完整书写 5 分	10			
能力目标（60分）	准备工作	电器元件检查	电器元件的漏检或错检，每一处扣 1 分	5			
	绘图	绘制电气原理图、电器元件布置图和电气安装接线图	电气原理图 5 分；电器元件布置图 5 分；电气安装接线图 5 分	15			
	电器元件安装	正确、合理安装电器元件	按图施工 5 分；电器元件安装牢固 2 分；电器元件布局合理 3 分；电器元件损坏，每件扣 10 分	10			
	布线	布线正确、合理、规范	按图布线 5 分；布线工艺 10 分；接头符合要求 5 分；绝缘问题和线损情况 5 分；号码套装 5 分；接地线安装 5 分	10			
	通电试机	操作规范正确、安全有序	熔断器选择合理 5 分；热继电器整定 5 分试机操作规范 5 分；第一次试机不成功，扣 10 分；第二次试机不成功，扣 10 分	10			
	故障排除（由教师设置 1~2 两个故障点）	故障检修的方法	工具、仪表使用 3 分；故障排除时思路正确 5 分；故障排除时方法正确 5 分；不能排除故障，扣 10 分	10			
	安全文明（5分）	劳保用品穿戴符合劳动保护相关规定；现场使用符合安全文明生产规程		5			
	总 分			100			

课题四　三相笼型异步电动机丫/△减压起动带全波整流能耗制动控制

本课题是在前一课题基础上发展演变的一个重要课题。前一课题是对电动机起动进行的控制，本课题是对电动机停止过程进行的控制，让电动机引入能耗制动，达到快速停止的目的。这在生产机械的电气控制中也是常见的一个典型控制案例。

➤【教学目标】

知识目标：

（1）掌握能耗制动的基本概念和三相交流异步电动机能耗制动的基本原理。

（2）掌握三相笼型异步电动机能耗制动的实现方法。

（3）掌握三相笼型异步电动机丫/△减压起动带全波整流能耗制动的工作原理。

能力目标：

（1）根据本课题的电气原理图，能够熟练分析其工作原理。

（2）能够熟练绘制本课题的电气原理图、电器元件布置图和电气安装接线图。

（3）根据电器元件布置图和安装接线图进行安装接线并通电试机。

（4）掌握三相笼型异步电动机丫/△减压起动带能耗制动控制控制线路的故障检修方法。

➤【教学任务】

三相笼型异步电动机丫/△减压起动带能耗制动控制课题分析；能耗制动相关知识；技能训练。

➤【教·学·做】

一、课题分析

图 2-4-1 所示为三相笼型异步电动机丫/△减压起动带全波整流能耗制动的控制线路。该控制线路是在三相笼型异步电动机丫/△减压起动的基础上，加入全波整流能耗制动的控制线路。

该控制线路具备两个功能：第一个功能是丫/△减压起动控制功能，完成电动机的起动运行，由接触器 KM1、KM2、KM3 和时间继电器 KT1 配合实现；第二个功能是能耗制动功能，用于实现电动机的快速制动停止，由接触器 KM4、KM3 和时间继电器 KT2 配合实现。两个功能不能同时投入运行，因此在两者之间通过触头实现互锁，既保证了两个功能的实现，又保证了控制系统的安全可靠。

二、相关知识

1. 能耗制动原理

能耗制动是把转子转动的机械能转变成电能并消耗在转子上，使其转化为制动力矩的一种制动方法。当高速运转的电动机断开三相电源后，转子在惯性作用下将继续旋转

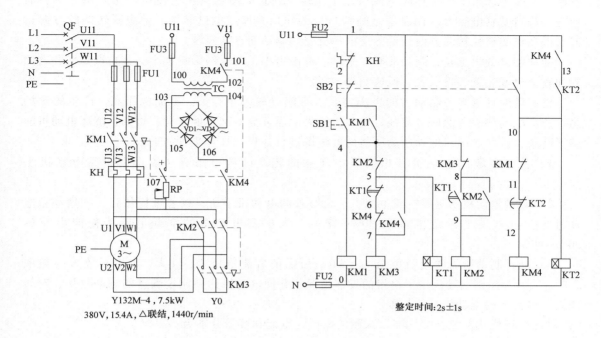

图 2-4-1　三相笼型异步电动机丫/△减压起动带全波整流能耗制动的控制线路

一段时间，然后缓慢地停止下来。这对需要立即停止的生产机械，显然是不利的。如果在电动机断开三相交流电源后，立即在电动机三相定子绕组的任意两相中通入直流电，就会在定子绕组中产生一个直流磁场，在惯性作用下旋转的转子就会切割恒定直流磁场的磁力线，在绕组中产生感应电动势和感应电流，而感应电流又受恒定磁场的作用产生与旋转方向相反的电磁转矩，成为阻碍转子旋转的制动力矩，使电动机很快停下来。在制动过程中，转子的惯性动能消耗在转子回路中，所以称为能耗制动。制动力矩的大小与所加给定子绕组的直流电压的大小有关，电压越高，制动力矩越大，制动效果越强，电动机就能更快地停下来。

2. 能耗制动的控制

　　如图 2-4-2 所示，先断开电源开关 QS1，切断电动机的交流电源，并将开关 QS1 向下合闸，但电动机的转子不会迅速停止，而是依靠惯性沿原方向继续转动；随后立即合上直流电源开关 QS2，给电动机的 V、W 两相定子绕组中通入直流电，使定子中产生一个恒定不变的、静止的磁场，这样做惯性转动的转子因切割磁力线而在转子绕组中产生感应电动势，并形成感应电流，其感应电动势的方向用右手定则

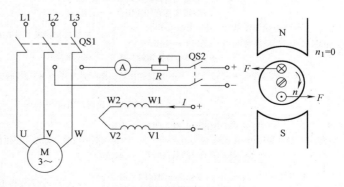

图 2-4-2　能耗制动原理

判断。当转子绕组中产生感应电流后，又立即受到直流磁场（由直流电产生）的作用，而使转子绕组受到电磁力（用左手定则判断）的作用并形成电磁转矩，此电磁转矩的方向正好与电动机的惯性转动方向相反，使电动机受到制动而迅速停转。

能耗制动的优点是：制动准确、平稳、冲击力小，对电网影响也小。其缺点是需要增加附加直流电源装置、投资大、低速制动力弱。

由制动原理可知，制动力的大小与通入直流电的大小有关。直流电压高，产生的磁场强，感应电动势大，感应电流强，电磁力矩大。而直流电又不能太大，否则会烧坏电动机的定子绕组，因此必须对能耗制动所需的直流电进行计算，计算步骤如下。

1）首先测量出电动机三相绕组中任意两相之间的电阻 R（也可以查阅电动机手册）。

2）测量电动机的进线空载电流 I_0。也可查阅电动机手册；或者进行估算，一般小型电动机的空载电流为额定电流的 $30\% \sim 70\%$，大中型电动机的空载电流为额定电流的 $20\% \sim 40\%$。

3）能耗制动所需的直流电流 $I_L = KI_0$，所需的直流电压 $U_L = I_L R$。其中系数 K 一般取 $3.5 \sim 4$。若考虑到电动机定子绕组的发热情况，并使电动机达到比较满意的制动效果，对转速高、惯性大的电动机可取上限。

4）单相桥式整流，变压器二次侧的电压、电流和容量分别为：

① 变压器二次电压 $U_2 = U_L/0.9$（V）。

② 变压器二次电流 $I_2 = I_L/0.9$（A）。

③ 变压器二次侧的容量 $S = U_2 I_2$（V·A）。

不频繁制动可取 $S = (1/3 \sim 1/4) U_2 I_2$（V·A）。

5）选择整流二极管。二极管选择一般考虑流过二极管的平均电流 I_F 和二极管承受的最大反向电压 U_{RM}，即二极管的平均电流 $I_F = 0.5 I_L$；二极管承受的最大反向电压 $U_{RM} = 1.57 U_L$。

6）选择可调电阻，其阻值取 2Ω，功率 $P = I_L^2 R$。

3. 工作原理分析

图 2-4-1 所示电气原理图的工作原理分析如下。

（1）丫/△减压起动

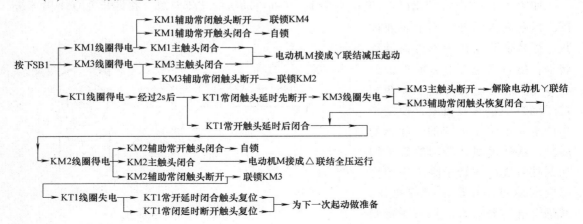

（2）能耗制动

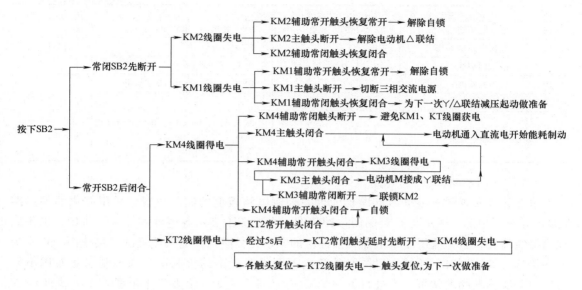

三、技能训练

（一）工具、仪表和电器元件选择

（1）常用工具　螺钉旋具（分为一字形和十字形）、验电器、钢丝钳、尖嘴钳、断线钳（又称为斜口钳）、剥线钳、电工刀、活扳手等电工常用工具。

（2）常用仪表　万用表（MF47型）、钳形电流表（MG3—1型）、绝缘电阻表（ZC25—3型）（也可自定型号）。

（3）电器元件规格　按表2-4-1配齐电器元件后需进行质量检验，确保无问题后（需得到实习指导教师的认可）再进行下一步工作。

表 2-4-1　技能训练器材表

序号	名　称	代号	型号	规　格	数量	备注
1	三相四线电源	AC		AC3×380/220V、20A	1	
2	三相笼型异步电动机	M	Y112M-4	4kW、380V、8.8A、1440r/min	1	
3	低压断路器	QF	DZ47—63/3	三极、400V、63A	1	
4	螺旋式熔断器	FU1	RL1—60/25	500V、60A、熔体额定电流25A	3	
5	螺旋式熔断器	FU2	RL1—15/2	500V、15A、熔体额定电流2A	4	
6	交流接触器	KM	CJT1—20	20A、线圈电压220V	4	
7	热继电器	KH	JR36—20/3	三极、20A、热元件11A、整定电流8.8A	1	
8	时间继电器	KT	JS7—2A	220V	2	
9	按钮	SB	LA10—2H	保护式	2	
10	整流二极管	VC		10A、50V	4	
11	变压器	TC	BK—500	220/50V	1	
12	可调电阻	RP		2Ω/1kW	1	
13	接线端子板	XT	JX2—Y010	15A、15节、600V	1	
14	控制安装板			500mm×600mm×30mm	1	
15	行线槽			40mm×40mm，两边打φ3.5mm孔	5m	

（续）

序号	名　称	代号	型号	规　格	数量	备注
16	主电路塑铜线			BV—1.5mm² 和 BVR—1.5mm²	若干	
17	控制电路塑铜线			BV—1mm²	若干	
18	按钮塑铜线			BVR—0.75mm²	若干	
19	接地塑铜线			BVR—1.5mm²（黄、绿双色线）	若干	
20	编码套管				若干	
21	紧固体			木螺钉：ϕ3mm × 20 mm；ϕ3mm × 15 mm 平垫圈：ϕ4mm	若干	

（二）绘制电器元件布置图

电器元件布置图是根据所有电器元件在控制电路板上的实际位置，采用简化的外形图（如正方形、矩形、圆形等）绘制的一种简图。布置图不表示各电器的结构、作用、工作原理和接线情况，且布置图中各电器元件标注的文字符号必须与电气原理图和接线图中标注的文字符号一致。同时，所画布置图必须按电器元件布置图的绘制原则来绘制（布置图画好后需得到实训教师的认可，再进行下一步工作）。图2-4-3所示为三相笼型异步电动机Ｙ/△减压起动带全波整流能耗制动控制的电器元件布置图和安装图。

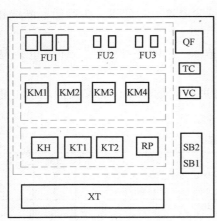

a)　　　　　　　　　　　　　　　　b)

图2-4-3　Ｙ/△减压起动带全波整流能耗制动控制的电器元件布置图和安装图
a）电器元件布置图　b）电器元件安装图

（三）安装接线（安装接线图）步骤和工艺要求

1. 绘制安装接线图

电气安装接线图是根据电气设备和电器元件的布置位置和实际安装位置，根据原理图中各电器之间的连接关系而绘制的一种接线图形。图2-4-4所示为三相笼型异步电动机Ｙ/△减压起动带全波整流能耗制动控制的安装接线图。

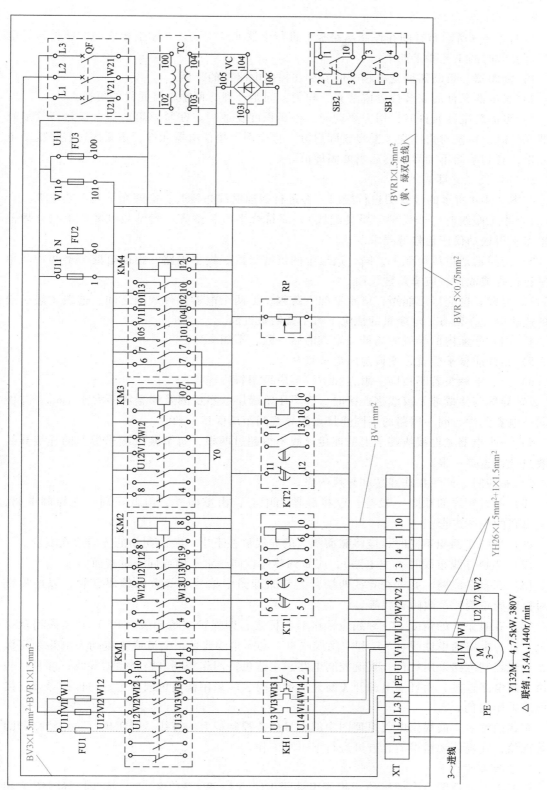

图 2-4-4 三相笼型异步电动机 Y/△ 减压起动带全波整流能耗制动控制的安装接线图

2. 电器元件安装

按图 2-4-3 所示布置图在控制电路板上进行电器元件安装，并贴上相应的文字符号。电器元件安装时的工艺要求如下：

1）断路器、熔断器的受电端子应安装在控制电路板的外侧。

2）各电器元件的安装位置应整齐、均匀，间距合理，便于电器元件的更换。

3）紧固各电器元件时，用力要均匀，松紧程度要适中。在紧固熔断器、接触器等易碎电器元件时，应按对角线交叉慢慢紧固螺钉，且应用手按住电器元件，边紧固边轻轻摇动电器元件，直到手摇不动后，再适当紧固即可。

3. 布线及工艺要求

按图 2-4-4 所示的接线图进行接线。在进行板前明线布线时，需遵循下列工艺要求。

1）手工布线时（非模型、模具配线），应符合平直、整齐、紧贴敷设面、走线合理及连接点不得松动便于检修等要求。

2）走线通道应尽可能少，同一通道中的沉底导线，按主电路、控制电路分类集中，单层平行密排或成束，应紧贴敷设面。

3）导线长度应尽可能短，可水平架空跨越，如两个电器元件线圈之间、连线主触头之间的连线等，在留有一定余量的情况下可不紧贴敷设面。

4）同一平面内的导线应高低一致或前后一致，不能交叉。

5）布线应横平竖直，变换走向应垂直 90°。

6）上、下触头若不在同一垂直线下，不应采用斜线连接。

7）导线与接线端子或线桩连接时，应不压绝缘层、不反圈及露金属不大于 1mm，并做到同一电器元件、同一回路的不同连接点的导线间距离保持一致。

8）一个电器元件接线端子上的连接导线不得超过两根，每节接线端子板上的连接导线一般只允许连接一根。

9）布线时，严禁损伤线芯和导线绝缘。

10）布线顺序的原则一般是：以接触器为中心，由里向外，由低至高，先控制电路，后主电路的顺序进行。

11）导线截面积不同时，应将截面积大的导线放在下层，截面积小的导线放在上层。

12）多根导线布线时（主电路），应做到整体在同一水平面或同一垂直面。

13）对复杂线路，必须在导线两端套上与原理图中编号相一致的编码套管，以便检查核对接线的正确性及故障查找等。

14）在有条件的情况下，导线应采用颜色标志，即保护接地导线（PE）必须采用黄绿双色；动力电路的中性线（N）和中间线（M）必须是浅蓝色；交流或直流动力电路采用黑色；交流控制电路采用红色；直流控制电路采用蓝色；用作控制电路联锁的导线，如果是与外边控制电路连接，而且当电源开关断开仍带电时，应采用橘黄色或黄色；与保护导线连接的电路采用白色。

布线接好后，需根据电气原理图中的编号检查控制板上的布线是否正确，防止错接和漏接等现象，在确认无错误后，方可进行下一步工作。

4. 连接电动机

根据电气原理图将电动机的三相绕组端子 U1、V1、W1 和 U2、V2、W2 用导线引至相应接线端子上。同时将电动机和按钮的金属外壳与接地线可靠连接。

（四）通电试机

在通电试机时，必须遵循下列步骤。

1）检查熔断器、交流接触器、热继电器、按钮、时间继电器、变压器等位置是否正确、有无损坏，导线规格是否符合设计要求，操作按钮和接触器是否灵活可靠，热继电器和时间继电器的整定值是否正确，信号和指示是否正确。同时，检查连接线是否牢固、有无松动现象。

2）电动机、按钮金属外壳必须可靠接地。

3）在通电试机时，要认真执行电气安全操作规程的有关规定，一人监护，一人操作。同时，需再次检查控制接线是否有不安全的因素存在。

4）用绝缘电阻表检查线路的绝缘电阻值，一般不应小于1MΩ。

5）通电试机前，需经指导教师认可，并在指导教师的操作下接通三相电源L1、L2、L3。

6）在指导教师现场监护下，学生开始通电操作。

① 合上电源开关QF。

② 按下按钮SB1，观察接触器、熔断器、热继电器、时间继电器和电动机的工作情况是否正常。若不正常，应立即断电停机。

③ 断电后，对不正常工作的线路接线，学生自行故障查找并进行故障排除（注：不允许带电检查）。若需再次通电试机，仍然需得到指导教师的认可，并在现场监护。

④ 做好每一次操作情况的记录。

7）试机成功率以第一次按下按钮通电时为准。

8）通电起动试机完毕后，按下制动按钮SB2，△联结运行的电动机断电，并开始能耗制动，观察能耗制动工作情况是否正常。若有异常，则应立即断开电源开关，查找故障并排除故障；若无，则待电动机停止后，断开电源开关，开始拆线，先拆除三相电源线，再拆除电动机的接线。

【课题小结】

本课题的内容结构如下：

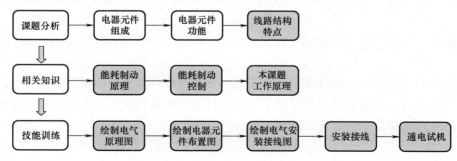

说明：

（1）本课题是交流电动机能耗制动控制典型案例，对于后续的学习十分重要。

（2）教学过程中应循序渐进、联系实际进行讲授，注意培养学习兴趣。

（3）蓝色框内为本课题的重点内容，应进行重点讲解和指导。

（4）在技能训练过程中，教师要加强巡回指导，及时解决学生遇到的问题。

（5）在试车调试过程中，教师要加强监管，预防触电事故的发生。

【效果测评】

根据本课题学习内容，按照表2-4-2所列内容，对学习效果进行测评，检验教学达标情况。

表 2-4-2　考核评分记录表

考核目标	考核内容	考核要求	评分标准	配分	自评	互评	师评
知识目标（35分）	能耗制动原理	掌握能耗制动的原理	定义2分；危害3分	5			
	能耗制动控制	掌握能耗制动的控制方法	手动控制5分；自动控制5分	10			
	工作原理分析	分析时间继电器控制丫/△减压起动带全波整流能耗制动工作原理	时间继电器控制丫/△减压起动10分；全波整流能耗制动工作原理10分	20			
能力目标（60分）	准备工作	电器元件检查	电器元件的漏检或错检，每一处扣1分	5			
	绘图	绘制电气原理图、电器元件布置图和电气安装接线图	电气原理图5分；电器元件布置图5分；电气安装接线图5分	15			
	电器元件安装	正确、合理安装电器元件	按图施工5分；电器元件安装牢固2分；电器元件布局合理3分；电器元件损坏，每件扣10分	10			
	布线	布线正确、合理、规范	按图布线5分；布线工艺10分；接头符合要求5分；绝缘问题和线损情况5分；号码套装5分；接地线安装5分	10			
	通电试机	操作规范正确、安全有序	熔断器选择合理5分；热继电器整定5分；试机操作规范5分；第一次试机不成功，扣10分；第二次试机不成功，扣10分	10			
	故障排除（由教师设置1~2两个故障点）	故障检修的方法	工具、仪表使用3分；故障排除时思路正确5分；故障排除时方法正确5分；不能排除故障，扣10分	10			
安全文明（5分）		劳保穿戴符合劳动保护相关规定；现场使用符合安全文明生产规程		5			
总分				100			

课题五　三相笼型双速（△／丫丫）异步电动机起动自动控制

本课题是对三相笼型双速电动机进行控制以实现速度自动切换的一个重要课题。在电动机拖动生产机械的具体实践中，为了满足生产机械宽广的调速要求，常常采用交流异步双速电动机拖动生产机械以达到所需的调速要求。

【教学目标】

知识目标：

（1）掌握三相交流异步电动机的调速方法；掌握变极调速的基本特点。

（2）掌握三相笼型双速（△/丫丫）异步电动机的绕组连接方法和控制原理。

能力目标：

（1）根据本课题的电气原理图，能够熟练分析其工作原理。

（2）能够熟练绘制本课题的电气原理图、电器元件布置图和电气安装接线图。

（3）根据电器元件布置图和安装接线图进行安装接线并通电试机。

（4）掌握三相笼型双速（△/丫丫）异步电动机控制线路的故障检修方法。

➤【教学任务】

三相笼型双速（△/丫丫）异步电动机控制课题分析；变极调速相关知识；技能训练。

➤【教·学·做】

一、课题分析

图 2-5-1 所示为三相笼型双速（△/丫丫）异步电动机的电气控制原理图。

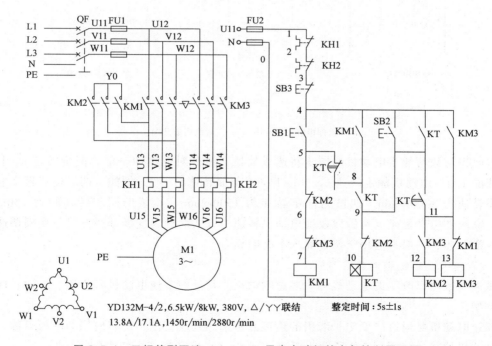

图 2-5-1　三相笼型双速（△/丫丫）异步电动机的电气控制原理图

　　图中，SB1 为△联结时低速起动和低速运行的控制按钮；SB2 为丫丫联结时高速运行的控制按钮；SB3 为停止按钮；KM1 为电动机△联结低速起动和运行控制用接触器；KM2 为丫丫联结控制用接触器；KM3 为高速（丫丫联结）控制用接触器；KT 为通电延时型时间继电器，用来控制由低速起动转换到高速运行时的切换时间；KH1 为低速工作时的过载保护；KH2 为低速起动、高速运行时的过载保护；FU1 为主电路的短路保护熔断器；FU2 为控制电路的短路保护熔断器。

二、相关知识

1. 电动机的调速方法

根据三相异步电动机的转速公式 $n=(1-s)\dfrac{60f_1}{p}$ 可知，改变三相异步电动机转速的方法有如下三种。

1）改变电源频率 f_1。

2）改变转差率 s。

3）改变磁极对数 p。

改变异步电动机的磁极对数调速的方法称为变极调速。

变极调速是通过改变定子绕组的连接方式来达到改变电动机转速的目的。图 2-5-2 所示为三相笼型异步电动机定子绕组中 A 相绕组展开图。

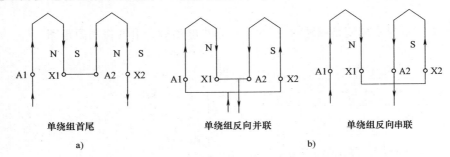

图 2-5-2　三相笼型异步电动机定子绕组中 A 相绕组展开图
a）四极绕组展开图　b）二极绕组展开图

因磁极对数与异步电动机的同步转速成反比，磁极对数增加一倍，同步转速 n_1 下降至原转速的 1/2，电动机额定转速 n_N 也将下降近似原转速的 1/2。例如：两极交流异步电动机的同步转速为 3000r/min，四极的同步转速为 1500r/min；八极的同步转速则为 750r/min。因此，靠改变电动机磁极对数以改变电动机转速的方式简称为变极调速方式。变极调速不能实现平滑调速，一般只适用于调速要求不高的场合。

2. 双速电动机绕组的接线方式

磁极对数可以改变的电动机称为多速电动机。常见的多速电动机有双速、三速、四速等几种类型。

双速电动机是通过改变定子绕组的连接方法来达到改变定子旋转磁场的磁极对数，从而改变电动机的转速。图 2-5-3 所示为双速（△/丫丫）电动机定子绕组的接线图。

图 2-5-3a 所示为双速异步电动机定子绕组△联结，三相绕组的接线端子 U1、V1、W1 分别与三相电源 L1、L2、L3 连接，U2、V2、W2 三个接线端悬空，三相定子绕组接成△联结；此时电动机的磁极为四极，同步转速为 1500r/min。

图 2-5-3b 所示为双速异步电动机定子绕组丫丫联结，接线端子 U1、V1、W1 连接在一起，U2、V2、W2 三个接线端分别与三相电源线 L3、L2、L1 连接；此时电动机的磁极为二极，同步转速为 3000r/min。

需要注意的是，电动机在接线时的相序不能接错，要严格按原理图接线。特别需注意的

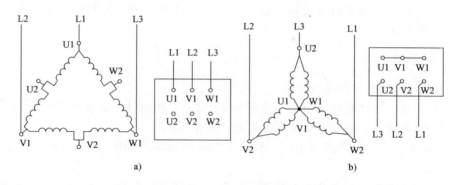

图 2-5-3　双速（△/丫丫）电动机定子绕组的接线图

a) 低速四极△联结　b) 高速二极丫丫联结

是，定子绕组从△联结改变为丫丫联结时，电源相序必须调相。否则，在高速（丫丫联结）时电动机将会反转，产生很大的冲击电流而损伤电动机。另外，电动机在高速、低速运行时的额定电流也不相同，因此热继电器 KH1 和 KH2 要根据不同保护电路分别调整其整定值。

变极调速的优点是可以适应不同性质负载的要求，如恒功率调速可采用△/丫丫联结；恒转矩调速可采用丫/丫丫联结。它的缺点是，调速时速度成倍变化，故调速的平滑性差。因此，双速电动机主要用于煤矿、石油天然气、石油化工和化学工业等行业中。此外，在纺织、冶金、城市煤气、交通、粮油加工、造纸、医药等部门也被广泛应用，如驱动泵、风机、压缩机和其他传动机械等都采用多速电动机拖动。

3. 双速电动机（△/丫丫）控制原理分析

（1）低速起动，低速运行（△联结运行）

（2）低速起动，高速运行（△联结起动，丫丫联结运行）

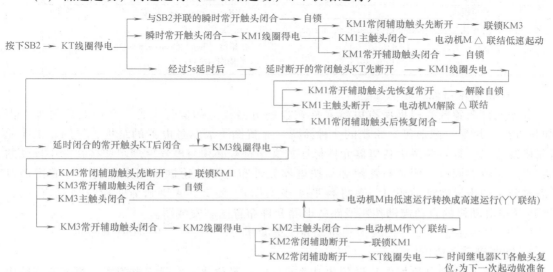

（3）停止　无论是低速运行或高速运行，按下 SB3 或过载，控制回路中所用电器的线圈均失电，各触头复位。

三、技能训练

（一）工具、仪表和电器元件选择

（1）常用工具　螺钉旋具（分为一字形和十字形）、验电器、钢丝钳、尖嘴钳、断线钳（又称斜口钳）、剥线钳、电工刀、活扳手等电工常用工具。

（2）常用仪表　万用表（MF47 型）、钳形电流表（MG3—1 型）、绝缘电阻表（ZC25—3 型）。

（3）电器元件规格　按表 2-5-1 配齐电器元件后需进行质量检验，确保无问题后（需得到实训指导教师的认可）再进行下一步工作。

表 2-5-1　技能训练器材表

序号	名　称	代号	型号	规　格	数量	备注
1	三相四线电源	AC		AC3×380/220V、20A	1	
2	三相笼型双速异步电动机	M	YD132M—4/2	6.5kW/8kW、380V、△/丫丫联结、13.8A/17.1A、1450r/min/2880r/min	1	
3	低压断路器	QF	DZ47—63/3	三极、400V、63A	1	
4	螺旋式熔断器	FU1	RL1—60/25	500V、60A、熔体额定电流 25A	3	
5	螺旋式熔断器	FU2	RL1—15/2	500V、15A、熔体额定电流 2A	2	
6	交流接触器	KM	CJT1—20	20A、线圈电压 220V	3	
7	热继电器	KH1	JR36—20/3	三极、20A、热元件 16A、整定电流 14.5A	1	
8	热继电器	KH2	JR36—32/3	三极、32A、热元件 22A、整定电流 18A	1	
9	时间继电器	KT	JS7—2A	线圈电压 220V（或 JS20）	1	
10	按钮	SB	LA10—3H	保护式	1	
11	接线端子板	XT	JX2—Y010	15A、20 节、600V	1	
12	控制安装板			500mm×600mm、30mm	1	
13	行线槽			40mm×40mm、两边打 φ3.5mm 孔	5m	
14	主电路塑铜线			BV—1.5mm² 和 BVR—1.5mm²	若干	
15	控制电路塑铜线			BV—1mm²	若干	
16	按钮塑铜线			BVR—0.75mm²	若干	
17	接地塑铜线			BVR—1.5mm²（黄、绿双色线）	若干	
18	编码套管				若干	
19	紧固体			木螺钉：φ3mm×20mm；φ3mm×15mm 平垫圈：φ4mm	若干	

（二）绘制电器元件布置图

电器元件布置图是根据所有电器元件在控制电路板上的实际位置，采用简化的外形图（如正方形、矩形、圆形等）绘制的一种简图。布置图不表示各电器的结构、作用、工作原理和接线情况，且布置图中各电器元件标注的文字符号必须与电气原理图和接线图中标注的文字符号一致。同时，所画布置图必须按电器元件布置图的绘制原则来绘制（布置图画好后需得到实训指导教师的认可，再进行下一步工作）。图 2-5-4 所示为三相笼型双速（△/丫丫）异步电动机的自动起动控制线路的电器元件布置图和安装图。

（三）安装接线（安装接线图）步骤和工艺要求

1. 绘制安装接线图

电气安装接线图是根据电气设备和电器元件的布置位置和实际安装位置，根据原理图中

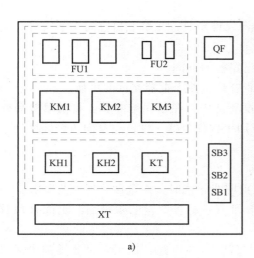

a)　　　　　　　　　　　　　　　　b)

图 2-5-4　三相笼型双速异步电动机的自动起动控制线路的电器元件布置图和安装图

a）电器元件布置图　b）电器元件安装图

各电器之间的连接关系而绘制的一种接线图形。图 2-5-5 所示为三相笼型双速（△/丫丫）异步电动机自动起动控制的安装接线图。

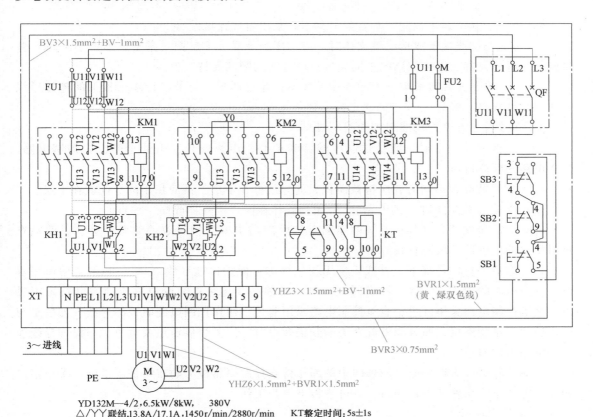

图 2-5-5　三相笼型双速（△/丫丫）异步电动机自动起动控制的安装接线图

2. 电器元件安装

按图 2-5-4 所示布置图在控制电路板上进行电器元件安装，并贴上相应的文字符号。电器元件安装时的工艺要求如下：

1）断路器、熔断器的受电端子应安装在控制电路板的外侧。

2）各电器元件的安装位置应整齐、均匀，间距合理，便于电器元件的更换。

3）紧固各电器元件时，用力要均匀，松紧程度要适中。在紧固熔断器、接触器等易碎电器元件时，应按对角线交叉慢慢紧固螺钉，且应用手按住电器元件，边紧固边轻轻摇动电器元件，直到手摇不动后，再适当紧固即可。

3. 布线及工艺要求

按图 2-5-5 所示的接线图进行接线。在进行板前明线布线时，需遵循下列工艺要求。

1）手工布线时（非模型、模具配线），应符合平直、整齐、紧贴敷设面、走线合理及连接点不得松动便于检修等要求。

2）走线通道应尽可能少，同一通道中的沉底导线，按主电路、控制电路分类集中，单层平行密排或成束，应紧贴敷设面。

3）导线长度应尽可能短，可水平架空跨越，如两个电器元件线圈之间、连线主触头之间的连线等，在留有一定余量的情况下可不紧贴敷设面。

4）同一平面内的导线应高低一致或前后一致，不能交叉。

5）布线应横平竖直，变换走向应垂直 90°。

6）上、下触头若不在同一垂直线下，不应采用斜线连接。

7）导线与接线端子或接线桩连接时，应不压绝缘层、不反圈及露金属不大于 1mm，并做到同一电器元件、同一回路的不同连接点的导线间距离保持一致。

8）一个电器元件接线端子上的连接导线不得超过两根，每节接线端子板上的连接导线一般只允许连接一根。

9）布线时，严禁损伤线芯和导线绝缘。

10）布线顺序的原则一般是：以接触器为中心，由里向外，由低至高，先控制电路，后主电路的顺序进行。

11）导线截面积不同时，应将截面积大的导线放在下层，截面积小的导线放在上层。

12）多根导线布线时（主电路），应做到整体在同一水平面或同一垂直面。

13）对复杂线路，必须在导线两端套上与原理图中编号相一致的编码套管，以便检查核对接线的正确性及故障查找等。

14）在有条件的情况下，导线应采用颜色标志：保护接地导线（PE）必须采用黄绿双色；动力电路的中性线（N）和中间线（M）必须是浅蓝色；交流或直流动力电路采用黑色；交流控制电路采用红色；直流控制电路采用蓝色；用作控制电路联锁的导线，如果是与外边控制电路相连接，而且当电源开关断开仍带电时，应采用橘黄色或黄色；与保护导线连接的电路采用白色。

布线接好后，需根据电气原理图中的编号检查控制电路板上的布线是否正确，防止错接和漏接等现象，在确认无错误后，方可进行下一步工作。

4. 连接电动机

根据电气原理图将电动机的三相绕组端子 U1、V1、W1、U2、V2、W2 用导线引至相应接线端子上。同时，将电动机和按钮的金属外壳与接地线可靠连接。

（四）通电试机

在通电试机时，必须遵循下列步骤。

1）检查熔断器、交流接触器、热继电器、按钮、时间继电器位置是否正确、有无损坏，导线规格是否符合设计要求，操作按钮和接触器是否灵活可靠，热继电器和时间继电器的整定值是否正确，信号和指示是否正确。同时检查连接线是否牢固、有无松动现象。电动机、按钮金属外壳必须可靠接地。

2）在通电试机时，要认真执行电气安全操作规程的有关规定，一人监护，一人操作。同时，需要再次检查控制接线是否有不安全的因素存在。

3）用绝缘电阻表检查线路的绝缘电阻值，一般不应小于1MΩ。

4）通电试机前，需经指导教师认可，并在指导教师的操作下接通三相电源 L1、L2、L3。

5）在指导教师现场监护下，学生开始通电操作。

① 合上电源开关 QF。

② 低速起动，低速运行：按下按钮 SB1，观察接触器、熔断器、热继电器和电动机的工作情况是否正常。若不正常，应立即断电停机。

③ 低速起动，高速运行：按下按钮 SB2，观察接触器、熔断器、热继电器、时间继电器和电动机的工作情况是否正常。若不正常，应立即断电停机。

④ 通电试机时，如发现电路不能正常工作或出现异常现象，应立即切断电源，学生自行查找故障并进行故障排除（注：不允许带电检查）。故障排除后若需再次通电试机，仍然需得到指导教师的认可，并在现场监护。

⑤ 做好每一次操作情况的记录。

6）试机成功率以第一次按下按钮通电时为准。

7）通电试机完毕后，按下停止按钮 SB3，断开电源开关。待电动机停止后，开始拆线，先拆除三相电源线，再拆除电动机的接线。

➤【课题小结】

本课题的内容结构如下：

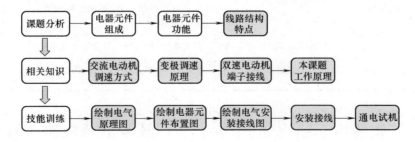

说明：

（1）本课题是交流电动机变极调速控制典型案例，对于后续的学习十分重要。

（2）教学过程中应循序渐进、联系实际进行讲授，注意培养学习兴趣。

（3）蓝色框内为本课题的重点内容，应重点讲解和指导。

（4）在技能训练过程中，教师要加强巡回指导，及时解决学生遇到的问题。

（5）在试车调试过程中，教师要加强监管，预防触电事故的发生。

➤【效果测评】

根据本课题学习内容，按照表 2-5-2 所列内容，对学习效果进行测评，检验教学达标情况。

表 2-5-2　考核评分记录表

考核目标	考核内容	考核要求	评分标准	配分	自评	互评	师评
知识目标（35分）	交流异步电动机的调速性能	交流异步电动机的调速方式及特点	调速方式 2 分；调速特点 3 分	5			
	变极调速原理	变极调速种类及特点	变极调速种类 5 分；特点 5 分	5			
	双速电动机端子接线	双速电动机接线方法和注意事项	接线方法 5 分；注意事项 5 分	10			
	工作原理分析	低速起动及低速运行；低速起动及高速起动	低速起动及低速运行 7 分；低速起动及高速运行 8 分	15			
能力目标（60分）	准备工作	电器元件检查	电器元件的漏检或错检，每一处扣 1 分	5			
	绘图	绘制电气原理图、元件布置图和电气安装接线图	电气原理图 5 分；电器元件布置图 5 分；电气安装接线图 5 分	15			
	电器元件安装	正确、合理安装电器元件	按图施工 5 分；电器元件安装牢固 2 分；电器元件布局合理 3 分；电器元件损坏，每件扣 10 分	10			
	布线	布线正确、合理、规范	按图布线 5 分；布线工艺 10 分；接头符合要求 5 分；绝缘问题和线损情况 5 分；号码套装 5 分；接地线安装 5 分	10			
	通电试机	操作规范正确、安全有序	熔断器选择合理 5 分；热继电器整定 5 分；试机操作规范 5 分；第一次试机不成功，扣 10 分；第二次试机不成功，扣 10 分	10			
	故障排除（由教师设置 1~2 两个故障点）	故障检修的方法	工具、仪表使用 3 分；故障排除时思路正确 5 分；故障排除时方法正确 5 分；不能排除故障，扣 10 分	10			
安全文明（5分）		劳保用品穿戴符合劳动保护相关规定；现场使用符合安全文明生产规程		5			
总 分				100			

课题六　三相笼型三速（△/Y/YY）异步电动机起动的电气控制

本课题同前一课题非常相似，也是为了实现拓宽生产机械的调速范围而采用的一种控制方式。学习本课题，对于进一步熟悉和掌握三相笼型三速异步电动机的工作原理，掌握其电气控制实现方式非常重要，这也是电气控制领域的一个典型控制案例。

➤【教学目标】

知识目标：

（1）掌握三相笼型三速（△/丫/丫丫）异步电动机的变速原理。

（2）掌握三相笼型三速（△/丫/丫丫）异步电动机变极调速的绕组连接方法。

（3）掌握三相笼型三速（△/丫/丫丫）异步电动机变极调速的控制原理。

能力目标：

（1）根据本课题的电气原理图，能够熟练分析其工作原理。

（2）能够熟练绘制本课题的电气原理图、电器元件布置图和电气安装接线图。

（3）根据电器元件布置图和安装接线图进行安装接线并通电试机。

（4）掌握三相笼型三速（△/丫/丫丫）异步电动机电气控制线路的故障检修方法。

➤【教学任务】

三相笼型三速（△/丫/丫丫）异步电动机电气控制课题分析；变极调速相关知识；技能训练。

➤【教·学·做】

一、课题分析

图 2-6-1 所示为三相笼型三速（△/丫/丫丫）异步电动机电气控制原理图。电动机起动时，定子绕组由时间继电器控制依次按照△联结、丫联结、丫丫联结自动切换，完成由低速、中速到高速的起动过程，并在高速状态下稳定运行。

图 2-6-1 中 SB2 为起动用控制按钮；SB1 为停止按钮；KA 为中间继电器；KM1 为电动机低速（△联结）运行控制用接触器，它是一个具有四个主触头的接触器，如果一个接触器的主触头数量不够，可用两个接触器代替；KM2 为中速（丫联结）运行连接控制用接触器；KM3、KM4 为高速（丫丫联结）运行控制用接触器；KT1 为通电延时型时间继电器，用来控制由低速起动转换到中速运行时的起动时间；KT2 为通电延时型时间继电器，用来控制由中速起动转换到高速运行时的起动时间；KH1 为低速起动时的过载保护、KH2 为中速运行过渡时的过载保护、KH3 为高速运行时的过载保护；FU1 为主电路的短路保护熔断器；FU2 为控制电路的短路保护熔断器。

二、相关知识

1. 三速电动机的变速原理

三速电动机是在双速电动机的基础上发展而来的。

三速电动机的定子槽内分两层安放两套绕组，第一套绕组可以产生△联结（低速）和丫丫联结（高速）两种接法；第二套绕组为丫联结（中速）接法。三种接法使交流电动机形成三种不同的磁极对数，从而使电动机获得低速、中速、和高速三种不同的运转速度。为了减小起动电流，高速运行前必须先低速起动，中速过度运行。

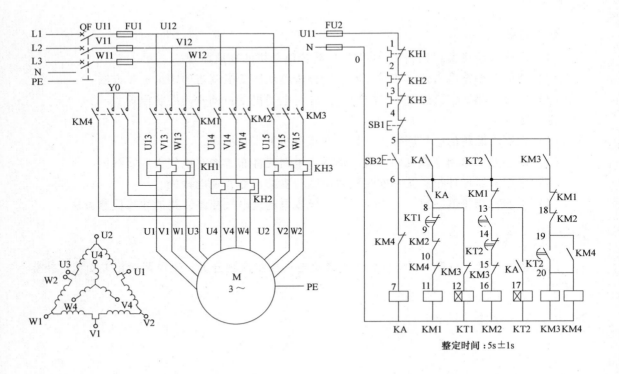

图 2-6-1　三相笼型三速（△/丫/丫丫）异步电动机电气控制原理图

低速时，电动机定子绕组作△联结，此时电动机的磁极为八极（$p = 4$），同步转速为 750r/min。

中速时，电动机定子绕组作丫联结，此时电动机的磁极为四极（$p = 2$），同步转速为 1500r/min。

高速时，电动机定子绕组作丫丫联结，此时电动机的磁极为二极（$p = 1$），同步转速为 3000r/min。

通过外部控制线路将电动机的两套绕组三种接法，按照△联结、丫联结、丫丫联结的顺序依次连接并进行切换，就能够依次按照低速、中速和高速的顺序，将电动机起动起来。这就是三速电动机的变速原理。

2. 三速电动机的端子接线

三速电动机的两套定子绕组共有 10 个出线端，如图 2-6-2 所示。

第一套绕组（双速）有 7 个出线端即 U1、V1、W1、U3、U2、V2、W2，可以作△联结（低速）和丫丫联结（高速）；第二套绕组（单速）有三个独立出线端即 U4、V4、W4，作丫联结（中速）。通过改变 10 个出线端与电源的不同接线方式，就可以得到三种不同的转速，即低速、中速和高速。

（1）△联结（低速）　图 2-6-2b 所示为△联结（低速），具体接法是：U1 接 L1 相，V1 接 L2 相，W1 与 U3 短接后接 L3 相，其余端子（U2、V2、W2、U4、V4、W4）空着不接。

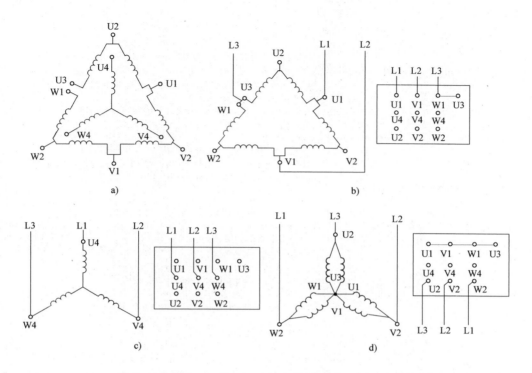

图 2-6-2　三速电动机定子绕组的接线图

a）三速电动机的两套定子绕组　b）低速△联结　c）中速Y联结　d）高速YY联结

（2）Y联结（中速）接法　图 2-6-2c 所示为Y联结（中速），具体接法是：U4 接 L1相，V4 接 L2相，W4 接 L3相，其余端子（U2、V2、W2、U1、V1、W1、U3）空着不接，且 W1、U3 必须断开。

（3）YY联结（高速）　图 2-6-2d 所示为YY联结（高速），具体接法是：U1、V1、W1、U3 四个接线端子短接起来，U2 接 L3相、V2 接 L2相、W2 接 L1相，剩余的三个端子（U4、V4、W4）空着不接。

3. 三速电动机的控制

为了对三速电动机的起动过程进行控制，由此形成了图 2-6-1 所示的电气控制线路。电动机由低速、中速和高速的切换由时间继电器进行自动控制。时间继电器的时间整定方便，可根据实际需要灵活快捷地进行调整。

KH1、KH2、KH3 分别为电动机低速（△运行）、中速（Y运行）和高速（YY运行）的过载保护电器元件。为什么要选用三个热继电器 KH1、KH2、KH3 呢？这是因为在低速、中速和高速起动、运行时，线路中的电流是不同的，所以对三个热继电器（KH1、KH2、KH3）的整定要求也就不同。

4. 工作原理分析

图 2-6-1 所示的三速电动机自动加速控制线路的工作原理如下。

（1）低速起动、中速过渡、高速运行的起动（先合上电源开关 QF）

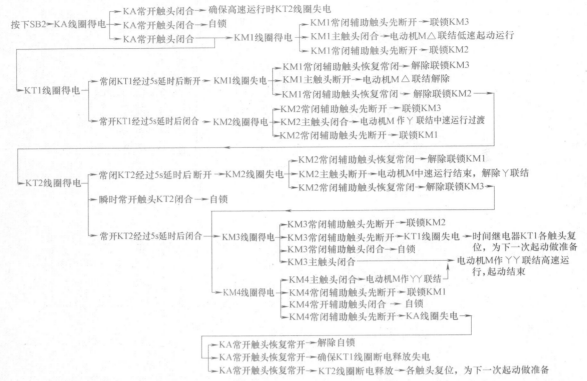

在整个加速过程终结后，只有接触器 KM3、KM4 的线圈通电工作，其余的 KA、KT1、KT2、KM1、KM2 的线圈均断电释放，故本电路比较节省电能。

（2）停止 按下 SB1，就可以使 KM3、KM4 线圈断电释放，各触头复位，电动机断电停止，解除 丫丫 联结。

三、技能训练

（一）工具、仪表和电器元件选择

（1）常用工具 螺钉旋具（分为一字形和十字形）、验电器、钢丝钳、尖嘴钳、断线钳（又称为斜口钳）、剥线钳、电工刀、活扳手等电工常用工具。

（2）常用仪表 万用表（MF47 型）、钳形电流表（MG3—1 型）、绝缘电阻表（ZC25—3 型）。

（3）电器元件规格 按表 2-6-1 配齐电器元件后需要进行质量检验，待确保无问题后（需得到实训教师的认可）再进行下一步工作。

表 2-6-1 技能训练器材表

序号	名称	代号	型号	规格	数量
1	三相四线电源	AC		AC3×380/220V、20A	1
2	三相笼型异步电动机	M	YD112M—8/4/2	△/丫/丫丫联结、0.65/2.0/2.4kW、380V、720/1440/2880r/min	1
3	低压断路器	QF	DZ47—63/3	三极、400V、63A	1
4	螺旋式熔断器	FU1	RL1—60/25	500V、60A、熔体额定电流 25A	3
5	螺旋式熔断器	FU2	RL1—15/2	500V、15A、熔体额定电流 2A	2
6	交流接触器	KM	CJT1—20	20A、线圈电压 220V	4

（续）

序号	名称	代号	型号	规格	数量
7	热继电器	KH1	JR36—20/3	三极、20A、热元件 11A、整定电流 10A	1
8	热继电器	KH2	JR36—20/3	三极、20A、热元件 11A、整定电流 9.5A	1
9	热继电器	KH3	JR36—20/3	三极、20A、热元件 16A、整定电流 12A	1
10	时间继电器	KT	JS7—2A	线圈电压 220V（或 JS20）	2
11	按钮	SB	LA10—2H	保护式	1
12	中间继电器	KA	JZ14—44J	线圈电压 220V	1
13	接线端子板	XT	JX2—Y010	15A、20 节、600V	1
14	控制安装板			500mm×600mm×30mm	1
15	行线槽			40mm×40mm，两边打 φ3.5mm 孔	5m
16	主电路塑铜线			BV—2.5mm² 和 BVR—1.5mm²	若干
17	控制电路塑铜线			BV—1mm²	若干
18	按钮塑铜线			BVR—0.75mm²	若干
19	接地塑铜线			BVR—1.5mm²（黄、绿双色线）	若干
20	编码套管				若干
21	紧固体			木螺钉：φ3mm×20mm；φ3mm×15mm 平垫圈：φ4mm	若干

（二）绘制电器元件布置图

电器元件布置图是根据所有电器元件在控制板上的实际位置，采用简化的外形图（如正方形、矩形、圆形等）绘制的一种简图。布置图不表示各电器的结构、作用、工作原理和接线情况，且布置图中各电器元件标注的文字符号必须与电气原理图和接线图中标注的文字符号一致。同时，所画布置图必须按电器元件布置图的绘制原则来绘制（布置图画好后需得到实训教师的认可，再进行下一步工作）。图 2-6-3 所示为三相笼型三速异步电动机自动电气控制的电器元件布置图和安装图。

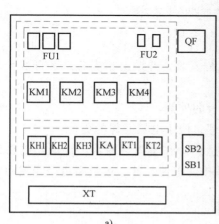

a)　　　　　　　　　　　　　　　b)

图 2-6-3　三相笼型三速异步电动机自动电气控制的电器元件布置图和安装图
a）电器元件布置图　b）电器元件安装图

（三）安装接线（安装接线图）步骤和工艺要求

1. 绘制安装接线图

电气安装接线图是根据电气设备和电器元件的布置位置和实际安装位置，根据原理图中各电器之间的连接关系而绘制的一种接线图形。图 2-6-4 所示为三相笼型三速异步电动机控制线路的安装接线图。

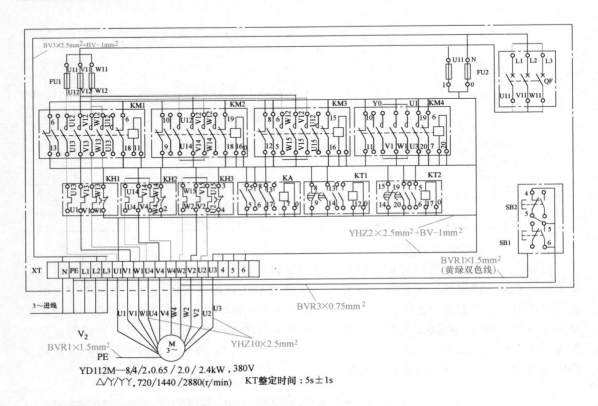

图 2-6-4　三相笼型三速异步电动机控制线路的安装接线图

2. 电器元件安装

按图 2-6-3 所示布置图在控制电路板上进行电器元件安装，并贴上相应的文字符号。电器元件安装时的工艺要求如下：

1）断路器、熔断器的受电端子应安装在控制电路板的外侧。

2）各电器元件的安装位置应整齐、均匀，间距合理，便于电器元件的更换。

3）紧固各电器元件时，用力要均匀，松紧程度要适中。在紧固熔断器、接触器等易碎电器元件时，应按对角线交叉慢慢紧固螺钉，且应用手按住电器元件，边紧固边轻轻摇动电器元件，直到手摇不动后，再适当紧固即可。

3. 布线及工艺要求

按图 2-6-4 所示的接线图进行接线。在进行板前明线布线时，需遵循下列工艺要求。

1）手工布线时（非模型、模具配线），应符合平直、整齐、紧贴敷设面、走线合理及连接点不得松动便于检修等要求。

2）走线通道应尽可能少，同一通道中的沉底导线，按主电路、控制电路分类集中，单层平行密排或成束，应紧贴敷设面。

3）导线长度应尽可能短，可水平架空跨越，如两个电器元件线圈之间、连线主触头之间的连线等，在留有一定余量的情况下可不紧贴敷设面。

4）同一平面内的导线应高低一致或前后一致，不能交叉。

5）布线应横平竖直，变换走向应垂直90°。

6）上、下触头若不在同一垂直线下，不应采用斜线连接。

7）导线与接线端子或接线桩连接时，应不压绝缘层、不反圈及露金属不大于1mm，并做到同一电器元件、同一回路的不同连接点的导线间距离保持一致。

8）一个电器元件接线端子上的连接导线不得超过两根，每节接线端子板上的连接导线一般只允许连接一根。

9）布线时，严禁损伤线芯和导线绝缘。

10）布线顺序的原则一般是：以接触器为中心，由里向外，由低至高，先控制电路，后主电路的顺序进行。

11）导线截面积不同时，应将截面积大的导线放在下层，截面积小的导线放在上层。

12）多根导线布线时（主电路），应做到整体在同一水平面或同一垂直面。

13）对复杂线路，必须在导线两端套上与原理图中编号相一致的编码套管，以便检查核对接线的正确性及故障查找等。

14）在有条件的情况下，导线应采用颜色标志，即保护接地导线（PE）必须采用黄绿双色；动力电路的中性线（N）和中间线（M）必须是浅蓝色；交流或直流动力电路采用黑色；交流控制电路采用红色；直流控制电路采用蓝色；用作控制电路联锁的导线，如果是与外边控制电路相连接，而且当电源开关断开仍带电，应采用橘黄色或黄色；与保护导线连接的电路采用白色。

布线接好后，需根据电气原理图中的编号检查控制板上的布线是否正确，防止错接和漏接等现象，在确认无错误后，方可进行下一步工作。

4. 连接电动机

根据电气原理图将电动机的三相绕组端子 U1、V1、W1 、U2、V2、W2、U3、U4、V4、W4 用导线引至相应接线端子上，同时将电动机和按钮的金属外壳与接地线可靠连接。

（四）通电试机

在通电试机时，必须遵循下列步骤。

1）检查熔断器、交流接触器、热继电器、按钮、中间继电器、时间继电器的位置是否正确、有无损坏，导线规格是否符合设计要求，操作按钮和接触器是否灵活可靠，热继电器和时间继电器的整定值是否正确，信号和指示是否正确。同时，检查连接线是否牢固、有无松动现象。

2）电动机、按钮金属外壳必须可靠接地。

3）在通电试机时，要认真执行电气安全操作规程的有关规定，一人监护，一人操作，同时需要再次检查控制接线是否有不安全的因素存在。

4）用绝缘电阻表检查线路的绝缘电阻值，一般不应小于1MΩ。

5）通电试机前，需经指导教师认可，并在指导教师的操作下接通三相电源 L1、

L2、L3。

6）在指导教师现场监护下，学生开始通电操作：

① 合上电源开关 QF。

② 低速起动，中速过渡，高速运行：按下按钮 SB2，低速起动，观察接触器、熔断器、时间继电器、中间继电器、热继电器和电动机的工作情况是否正常。若不正常，应立即断电停机。

③ 在起动过程中，要仔细观察低速起动时，对应各电器元件（KA、KM1、KT1、KH1）的工作情况是否正常；中速过渡过程中，对应各电器元件（KA、KM2、KT2、KH2）的工作情况是否正常；高速运行时，对应各电器元件（KA、KM3、KM4、KT2、KM1、KM2、KT1）的工作情况是否正常。若任一环节不正常，应立即断电停机。

④ 按下按钮 SB1，电动机高速运行停止。应观察接触器（KM3、KM4）、熔断器、热继电器和电动机的工作情况是否正常。若不正常，应立即断电停机。

⑤ 通电试机时，如发现电路不能正常工作或出现异常现象，应立即切断电源，学生自行查找故障并进行故障排除（注：不允许带电检查）。故障排除后若需再次通电试机，仍然需得到指导教师的认可，并在现场监护。

⑥ 做好每一次操作情况的记录。

7）试机成功率以第一次按下按钮通电时为准。

8）通电试机完毕后，按下停止按钮 SB1，待电动机停止后，断开电源开关。开始拆线，先拆除三相电源线，再拆除电动机的接线。

➤【课题小结】

本课题的内容结构如下：

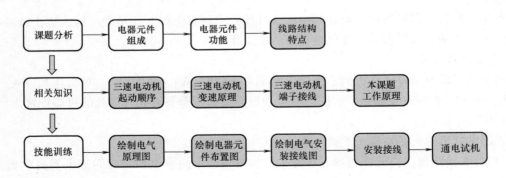

说明：

（1）本课题是交流电动机三速控制案例，重在掌握三速电动机变极调速原理、电动机绕组接线方式及控制实现过程。

（2）教学过程中应循序渐进、联系实际进行讲授，注意培养学生的学习兴趣。

（3）蓝色框内为本课题的重点内容，应重点讲解和指导。

（4）在技能训练过程中，教师要加强巡回指导，及时解决学生遇到的问题。

（5）在试车调试过程中，教师要加强监管，预防触电事故的发生。

➤【效果测评】

根据本课题学习内容，按照表 2-6-2 所列内容，对学习效果进行测评，检验教学达标情况。

表 2-6-2 考核评分记录表

考核目标	考核内容	考核要求	评分标准	配分	自评	互评	师评
知识目标（40分）	三速电动机起动顺序	三速交流异步电动机的起动顺序和原因	起动顺序2分；原因3分	5			
	三速电动机变速原理	绕组结构、极对数及速度对应关系	绕组结构与极数2分；三速的同步转速3分	5			
	三速电动机端子接线	三速电动机接线方法和注意事项	△联结5分；丫联结5分；丫丫联结5分	15			
	工作原理分析	主电路的工作原理；控制电路的工作原理	主电路的工作原理7分；控制电路的工作原理8分	15			
能力目标（55分）	准备工作	电器元件检查	电器元件的漏检或错检，每一处扣1分	5			
	绘图	绘制电气原理图、电器元件布置图和电气安装接线图	电气原理图5分；电器元件布置图5分；电气安装接线图5分	10			
	电器元件安装	正确、合理安装电器元件	按图施工5分；电器元件安装牢固2分；电器元件布局合理3分；电器元件损坏，每件扣10分	10			
	布线	布线正确、合理、规范	按图布线5分；布线工艺10分；接头符合要求5分；绝缘问题和线损情况5分；号码套装5分；接地线安装5分	10			
	通电试机	操作规范正确、安全有序	熔断器选择合理5分；热继电器整定5分；试机操作规范5分；第一次试机不成功，扣10分；第二次试机不成功，扣10分	10			
	故障排除（由教师设置1~2两个故障点）	故障检修的方法	工具、仪表使用3分；故障排除时思路正确5分；故障排除时方法正确5分；不能排除故障，扣10分	10			
安全文明（5分）		劳保用品穿戴符合劳动保护相关规定；现场使用符合安全文明生产规程		5			
总 分				100			

课题七 三相绕线转子异步电动机转子串电阻起动控制

本课题是矿山生产机械电力拖动常见的一个拖动控制案例。三相绕线转子异步电动机转子串电阻起动，能够有效解决三相交流异步电动机带重载起动的问题，常常作为矿井提升常用的一种拖动控制方式。学习和掌握其起动原理和控制方式，对于培养电气工程技术人员的能力和水平，十分重要。

➤【教学目标】

知识目标：

（1）掌握三相绕线转子异步电动机的起动方法及优缺点。

（2）掌握三相绕线转子异步电动机在转子回路中串电阻起动的线路结构。

（3）掌握三相绕线转子异步电动机在转子回路中串电阻起动的工作原理。

能力目标：

（1）根据本课题的电气原理图，能够熟练分析其工作原理。

（2）能够熟练绘制本课题的电气原理图、电器元件布置图和电器安装接线图。

（3）根据电器元件布置图和安装接线图进行安装接线并通电试车。

（4）掌握绕线转子异步电动机在转子回路中串电阻起动电气控制线路的故障检修方法。

➢**【教学任务】**

三相绕线转子异步电动机在转子回路中串电阻起动电气控制课题分析；相关知识；技能训练。

➢**【教·学·做】**

一、课题分析

图 2-7-1 所示为三相绕线转子异步电动机转子串电阻起动电气控制原理图。图中 SB1 为起动按钮，SB2 为停止按钮；R_1、R_2、R_3 为三级起动电阻；KM 为电动机电源控制接触器，接触器 KM1 用于切除第一级起动电阻 R_1，接触器 KM2 用于切除第二级起动电阻 R_2，接触器 KM3 用于切除第三级起动电阻 R_3；三只时间继电器均为通电延时型时间继电器，其中 KT1 用来控制第一级起动电阻 R_1 的切除时间；KT2 用来控制第二级起动电阻 R_2 的切除时间；KT3 用来控制第三级起动电阻 R_3 的切除时间；KH 为电动机的过载保护用热继电器；FU1 为主电路的短路保护熔断器，FU2 为控制电路的短路保护熔断器。

图中 KM1、KM2、KM3 三个接触器的辅助常闭触头与起动按钮 SB1 串联，目的是为了保证电动机必须在串入全部起动电阻时才能起动；若 KM1、KM2、KM3 三个接触器中任一接触器发生电气或机械故障的情况下都无法起动，从而确保转子串电阻起动的安全性和可靠性。而 KM1、KM2、KM3 三个接触器的主触头连接如图 2-7-1 中放大部分所示（主电路有所简化），这样能够确保对电阻的可靠切除，避免转子电阻不对称的情况发生。

二、相关知识

1. 三相绕线转子异步电动机串电阻起动

三相笼型异步电动机虽然具有结构简单、价格便宜、坚固耐用、控制方便等优点，但是笼型异步电动机直接起动电流大，对供电系统和传动系统以及电动机自身都会造成很大的影响；采用减压起动，虽然减小了起动电流，但是起动转矩将大大减小，带负载能力也大幅度降低，对于需要带重载起动的场合，采用笼型异步电动机就无法满足起动要求。而采用三相绕线转子异步电动机转子串电阻起动，就能够有效解决带重载起动的问题。

起动时，将起动电阻全部接入，能够有效地减小起动电流，增大起动转矩；随着电动机转速的升高，依次逐级短接（即切除）起动电阻；当串接电阻被全部切除后，电动机便进

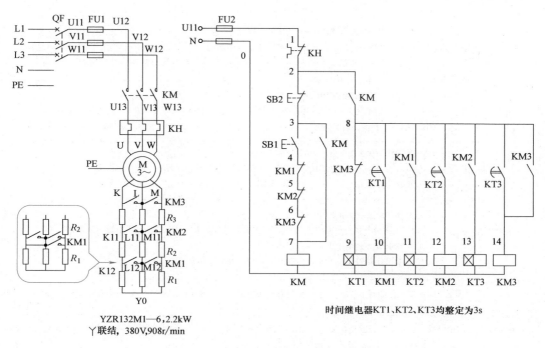

图 2-7-1　三相绕线转子异步电动机转子串电阻起动电气控制原理图

入到额定状态下运行。

正是因为绕线转子异步电动机串电阻起动的良好性能，致使它在矿山提升机、卷扬机等大型设备中获得了广泛的应用。

2. 三相绕线转子异步电动机转子串频敏电阻起动

如图 2-7-2 所示，三相绕线转子异步电动机在转子回路中串接电阻的起动，为了获得较好的起动性能，需要串入较多级数的起动电阻，这样所用电器增多、控制线路变得复杂、投资增大、维修难度增加等。因此三相绕线转子异步电动机的起动除在转子回路中串接电阻起动外，还常用在转子回路中串接频敏变阻器起动、在转子回路中串接凸轮控制器起动等来实现。频敏变阻器的电阻值会随转子线圈中所通过电流频率的变化而变化，从而达到自动变阻的目的。采用频敏变阻器起动具有起动平滑（无级起动）、无电流和机械冲击、操作简便、运行可靠、成本低廉等优点，因此在绕线转子异步电动机中应用较广。其缺点是功率因数较低、起动转矩不大，不宜用于重载起动的场所。

3. 三相绕线转子异步电动机转子回路串接电阻起动工作原理

图 2-7-1 所示三相绕线转子异步电动机转子串电阻起动控制线路的工作原理如下：

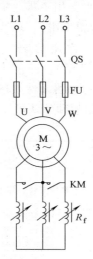

图 2-7-2　转子回路串频敏变阻器起动电气原理图

（1）起动

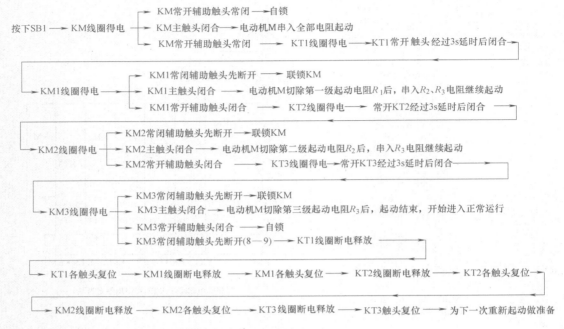

正常运行时，只有 KM、KM3 两个接触器带电工作。

（2）停止　按下按钮 SB2，KM、KM3 线圈均失电，KM 切断电动机电源，KM3 释放将全部起动电阻串入转子回路中，电动机断电停转。

三、技能训练

（一）工具、仪表和电器元件选择

（1）常用工具　螺钉旋具（分为一字形和十字形）、验电器、钢丝钳、尖嘴钳、断线钳（又称为斜口钳）、剥线钳、电工刀、活扳手等电工常用工具。

（2）常用仪表　万用表（MF47 型）、钳形电流表（MG3—1 型）、绝缘电阻表（ZC25—3 型）。

（3）电器元件规格　按表 2-7-1 配齐电器元件后需进行质量检验，确保无问题后（需得到实训教师的认可）再进行下一步工作。

表 2-7-1　技能训练器材表

序号	名称	代号	型号	规格	数量
1	三相四线电源	AC		AC3×380/220V、20A	1
2	三相绕线转子异步电动机	M	YZR—132M1—6	2.2kW、380V、丫联结、定子电压 380V、6.1A；转子电压 132V，12.6A；908r/min	1
3	低压断路器	QF	DZ47—63/3	三极、400V、63A	1
4	螺旋式熔断器	FU1	RL1—60/25	500V、60A、熔体额定电流 25A	3
5	螺旋式熔断器	FU2	RL1—15/2	500V、15A、熔体额定电流 5A	2
6	交流接触器	KM	CJT1—20	20A、线圈电压 220V	4
7	热继电器	KH	JR36—20/3	三极、20A、热元件 7.2A、整定电流 6.1A	1
8	时间继电器	KT	JS7—2	220V	3

（续）

序号	名称	代号	型号	规格	数量
9	按钮	SB	LA10—2H	保护式	1
10	起动电阻	R	ZX1	$R_1 = 3.7\Omega$、$R_2 = 2.1\Omega$、$R_3 = 1.2\Omega$	各 3
11	接线端子板	XT	JX2—Y010	15A、25 节、600V	1
12	控制安装板			500mm×600mm×30mm	1
13	行线槽			40mm×40mm，两边打 ϕ3.5mm 孔	5m
14	主电路塑铜线			BV—1.5mm^2 和 BVR—1.5mm^2	若干
15	控制电路塑铜线			BV—1mm^2	若干
16	按钮塑铜线			BVR—0.75mm^2	若干
17	接地塑铜线			BVR—1.5mm^2（黄、绿双色线）	若干
18	编码套管				若干
19	紧固体			木螺钉：ϕ3mm×20mm；ϕ3mm×15mm 平垫圈：ϕ4mm	若干

（二）绘制电器元件布置图

电器元件布置图是根据所有电器元件在控制板上的实际位置，采用简化的外形图（如正方形、矩形、圆形等）绘制的一种简图。布置图不表示各电器的结构、作用、工作原理和接线情况，且布置图中各电器元件标注的文字符号必须与电气原理图和接线图中标注的文字符号一致。同时所画布置图必须按电器元件布置图的绘制原则来绘制（布置图画好后需得到实训指导教师的认可，再进行下一步工作）。图 2-7-3 所示为三相绕线转子异步电动机转子串电阻起动控制线路的电器元件布置图和安装图。

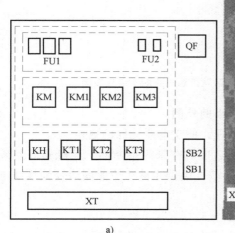
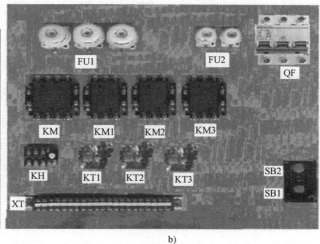

a) b)

图 2-7-3 三相绕线转子异步电动机转子串电阻起动控制线路的电器元件布置图和安装图
a) 电器元件布置图 b) 电器元件安装图

（三）安装接线（安装接线图）步骤和工艺要求

1. 绘制安装接线图

电气安装接线图是根据电气设备和电器元件的布置位置和实际安装位置，根据原理图中各电器之间的连接关系而绘制的一种接线图形。图 2-7-4 所示为三相绕线转子异步电动机转子串电阻起动控制线路的安装接线图。

2. 电器元件安装

按图 2-7-4 所示布置图在控制电路板上进行电器元件安装，并贴上相应的文字符号。电器元件安装时的工艺要求如下：

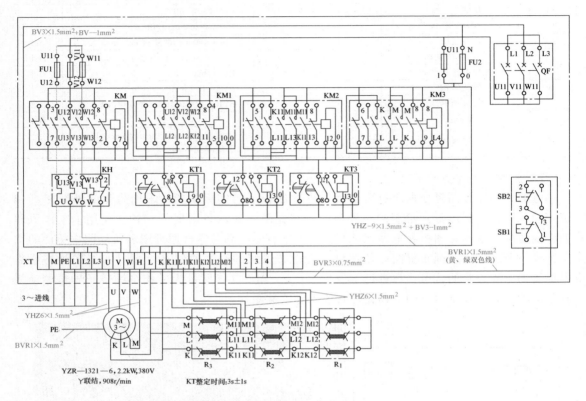

图 2-7-4 三相绕线转子异步电动机转子串电阻起动控制线路的安装接线图

1）断路器、熔断器的受电端子应安装在控制电路板的外侧。

2）各电器元件的安装位置应整齐、均匀，间距合理，便于电器元件的更换。

3）紧固各电器元件时，用力要均匀，松紧程度要适中。在紧固熔断器、接触器等易碎电器元件时，应按对角线交叉慢慢紧固螺钉，且应用手按住电器元件，边紧固边轻轻摇动电器元件，直到手摇不动后，再适当紧固即可。

3. 布线及工艺要求

按图 2-7-4 所示的接线图进行接线。在进行板前明线布线时，需遵循下列工艺要求。

1）手工布线时（非模型、模具配线），应符合平直、整齐、紧贴敷设面、走线合理及连接点不得松动便于检修等要求。

2）走线通道应尽可能少，同一通道中的沉底导线，按主电路、控制电路分类集中，单层平行密排或成束，应紧贴敷设面。

3）导线长度应尽可能短，可水平架空跨越，如两个电器元件线圈之间、连线主触头之间的连线等，在留有一定余量的情况下可不紧贴敷设面。

4）同一平面内的导线应高低一致或前后一致，不能交叉。

5）布线应横平竖直，变换走向应垂直 90°。

6）上、下触头若不在同一垂直线下，不应采用斜线连接。

7）导线与接线端子或接线桩连接时，应不压绝缘层、不反圈及露金属不大于 1mm，并做到同一电器元件、同一回路的不同连接点的导线间距离保持一致。

8）一个电器元件接线端子上的连接导线不得超过两根，每节接线端子板上的连接导线一般只允许连接一根。

9）布线时，严禁损伤线芯和导线绝缘。

10）布线顺序的原则一般是：以接触器为中心，由里向外，由低至高，先控制电路，后主电路的顺序进行。

11）导线截面积不同时，应将截面积大的导线放在下层，截面积小的导线放在上层。

12）多根导线布线时（主电路），应做到整体在同一水平面或同一垂直面。

13）对复杂线路，必须在导线两端套上与原理图中编号相一致的编码套管，以便检查核对接线的正确性及故障查找等。

14）在有条件的情况下，导线应采用颜色标志，即保护接地导线（PE）必须采用黄、绿双色；动力电路的中性线（N）和中间线（M）必须是浅蓝色；交流或直流动力电路采用黑色；交流控制电路采用红色；直流控制电路采用蓝色；用作控制电路联锁的导线，如果是与外边控制电路相连接，而且当电源开关断开仍带电时，应采用橘黄色或黄色；与保护导线连接的电路采用白色。

布线接好后，需根据电气原理图中的编号检查控制电路板上的布线是否正确，防止错接和漏接等现象，在确认无错误后，方可进行下一步工作。

4. 连接电动机

根据电气原理图将电动机的三相绕组端子 U1、V1、W1、K、L、M、K11、K12、L11、L12、M11、M12 用导线引至相应接线端子上。同时，将电动机和按钮的金属外壳与接地线可靠连接。

（四）通电试机

在通电试机时，必须遵循下列步骤。

1）检查断路器、熔断器、交流接触器、热继电器、按钮、时间继电器、电阻器等的位置是否正确、有无损坏，导线规格是否符合设计要求，操作按钮和接触器是否灵活可靠，热继电器和时间继电器的整定值是否正确，信号和指示是否正确。同时，检查连接线是否牢固、有无松动现象。

2）电动机、电阻器和按钮金属外壳必须可靠接地。特别是电阻器必须采取保护或隔离措施，以防止触电事故的发生。

3）在通电试机时，要认真执行电气安全操作规程的有关规定，一人监护，一人操作。同时，需要再次检查控制接线是否有不安全的因素存在。

4）用绝缘电阻表检查线路的绝缘电阻值，一般不应小于 $1\text{M}\Omega$。

5）通电试机前，需经指导教师认可，并在指导教师的操作下接通三相电源 L1、L2、L3。

6）在指导教师现场监护下，学生开始通电操作。

① 合上电源开关 QF。

② 按下按钮 SB1，观察接触器、熔断器、热继电器、时间继电器和电动机的工作情况是否正常。若不正常，应立即断电停机。

③ 断电后，对不正常工作的线路接线，学生自行故障查找并进行故障排除（注：不允许带电检查）。若需再次通电试机，仍然需得到指导教师的认可，并在现场监护。

④ 做好每一次操作情况的记录。

7）试机成功率以第一次按下按钮通电时为准。

8）通电试机完毕后，按下停止按钮 SB2，待电动机停止后。断开电源开关，开始拆线，先拆除三相电源线，再拆除电动机的接线。

➤【课题小结】

本课题的内容结构如下：

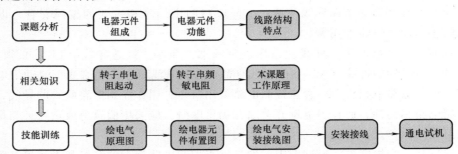

说明：

（1）本课题是交流绕线转子异步电动机转子串电阻起动典型案例，重在掌握转子串电阻起动的机械特性变化情况及起动控制实现过程。

（2）教学过程中应循序渐进、联系实际进行讲授，注意培养学习兴趣。

（3）蓝色框内为本课题的重点内容，应重点讲解和指导。

（4）在技能训练过程中，教师要加强巡回指导，及时解决学生遇到的问题。

（5）在试机调试过程中，教师要加强监管，预防触电事故的发生。

➤【效果测评】

根据本课题学习内容，按照表 2-7-2 所列内容，对教学效果进行测评，检验教学达标情况。

表 2-7-2　考核评分记录表

考核目标	考核内容	考核要求	评分标准	配分	自评	互评	师评
知识目标（35分）	绕线转子异步电动机转子串电阻起动的性能特点	掌握绕线转子异步电动机转子串电阻起动的特性变化及实现过程	性能特点5分；实现过程5分	10			
	绕线转子异步电动机转子串频敏电阻的性能特点	掌握绕线转子异步电动机转子串频敏电阻起动的特性变化及实现过程	频敏电阻特性5分；起动实现过程5分	10			
	工作原理分析	主电路的工作原理；控制电路的工作原理	主电路的工作原理7分；控制电路的工作原理8分	15			

（续）

考核目标	考核内容	考核要求	评分标准	配分	自评	互评	师评
能力目标（60分）	准备工作	电器元件检查	电器元件的漏检或错检,每一处扣1分	5			
	绘图	绘制电气原理图、电器元件布置图和电气安装接线图	电气原理图5分;电器元件布置图5分;电气安装接线图5分	15			
	电器元件安装	正确、合理安装电器元件	按图施工5分;电器元件安装牢固2分;电器元件布局合理3分;电器元件损坏,每件扣10分	10			
	布线	布线正确、合理、规范	按图布线5分;布线工艺10分;接头符合要求5分;绝缘问题和线损情况5分;号码套装5分;接地线安装5分	15			
	通电试机	操作规范正确、安全有序	熔断器选择合理5分;热继电器整定5分;试机操作规范5分;第一次试机不成功,扣10分;第二次试机不成功,扣10分	5			
	故障排除（由教师设置1~2两个故障点）	故障检修的方法	工具、仪表使用3分;故障排除时思路正确5分;故障排除时方法正确5分;不能排除故障,扣10分	10			
安全文明（5分）		劳保用品穿戴符合劳动保护相关规定;现场使用符合安全文明生产规程		5			
总分				100			

课题八　并励直流电动机正反转电气控制

本课题是对直流电动机进行控制的一个典型案例。直流电动机拖动生产机械,因具有良好的机械特性和宽广的调速性能,在机械、化工、印刷、纺织等行业获得了广泛的应用。学习本课题,对于进一步深入理解和掌握直流电动机的工作原理,熟悉和掌握电气控制的实现过程,进一步拓展学生的知识和能力具有十分重要的意义。

➤【教学目标】

知识目标:
（1）掌握并励直流电动机起动、调速的原理。
（2）掌握并励直流电动机正反转控制线路的工作原理。

能力目标:
（1）根据本课题的电气原理图,能够熟练分析其工作原理。
（2）能够熟练绘制本课题的电气原理图、电器元件布置图和电气安装接线图。
（3）根据电器元件布置图和安装接线图进行安装接线并通电试车。
（4）并励直流电动机正反转控制线路的故障检修方法。

▶【教学任务】

并励直流电动机的正反转控制课题分析；相关知识；技能训练。

▶【教·学·做】

一、课题分析

图 2-8-1 所示为并励直流电动机电枢回路串电阻起动的正反转控制线路。

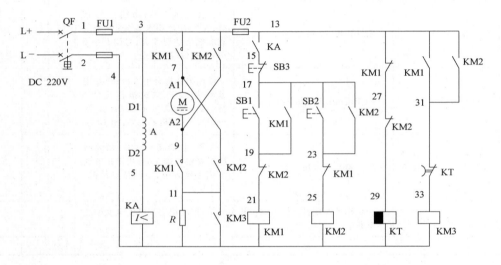

图 2-8-1   并励直流电动机电枢回路串电阻起动的正反转控制线路

图中 QF 为直流断路器；FU1 熔断器为电枢回路的短路保护，FU2 熔断器为控制回路的短路保护；线圈 A 为励磁绕组（D1—D2），用于产生主磁场；电动机的电枢绕组为 A1—A2；KA 为欠电流继电器，用于直流电动机的弱磁保护，电动机励磁电压正常时，KA 吸合，控制回路能够进行起动操作，当励磁电压过低时，KA 释放，控制回路将无法起动，有效防止直流电动机弱磁飞车和烧毁；SB1 为正转起动按钮，SB2 为反转起动按钮，SB3 为停止按钮；KM1 为正转控制用直流接触器，KM2 为反转控制用直流接触器，KM3 为串电阻起动控制用直流接触器；KT 为断电延时型时间继电器，用于串电阻起动的时间控制。图中数字为控制线路的线号，正极回路的线段按奇数顺序标号，如 1、3、5 等；负极回路的线段按偶数顺序标号，如 2、4、6 等。在同一回路中，经过压降元件（如电阻、电容等）时，要改变标号的极性，对不能明确标明极性的线段，可任意标奇偶数。

交流电动机的正反转是通过改变电源的相序来实现的。而直流电动机的正反转则有两种方法：一是电枢绕组反接法；二是励磁绕组反接法。但是，如果电枢绕组和励磁绕组的极性同时改变，那么电动机的转向将保持不变而无法实现电动机的正反转，因此电枢绕组极性和励磁绕组的极性只能改变其中之一（应特别注意）。图 2-8-1 所示为采用电枢绕组反接法的正反转控制线路。

二、相关知识

电磁式继电器的结构和工作原理与接触器基本相同，它由电磁机构和触头系统组成。按其在电路中的作用分类，可分为中间继电器、电流继电器和电压继电器等。

（一）电流继电器与电压继电器

1. 电流继电器

反映输入量为电流的继电器叫作电流继电器。电流继电器的线圈串联在被测电路中，当通过线圈的电流达到预定值时，其触头动作。图 2-8-2 所示为电流继电器的外形和符号。

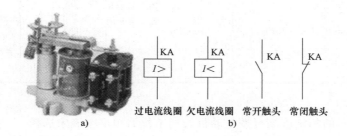

过电流线圈　欠电流线圈　常开触头　常闭触头

a)　　　　　　　　　　　　b)

图 2-8-2　电流继电器的外形和符号
a）外形　b）符号

电流继电器又分为过电流继电器和欠电流继电器。

（1）过电流继电器　当通过继电器的电流超过预定值时动作的继电器称为过电流继电器。

（2）欠电流继电器　当通过继电器的电流减小到低于整定值时就动作的继电器称为欠电流继电器。

（3）型号含义

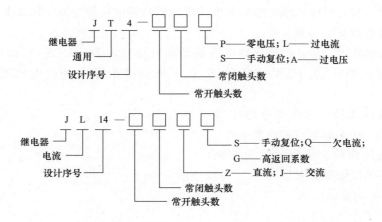

表 2-8-1 为 JT4 系列交流通用继电器的技术数据。

表 2-8-1　JT4 系列交流通用继电器的技术数据

型号	可调参数调整范围	标称误差	返回系数	触头数量	吸引线圈		复位方式	机械寿命/万次	电寿命/万次	质量/kg
					额定电压（或电流）	消耗功率				
JT4—□□A 过电压继电器	吸合电压（1.05~1.20）U_N		0.1~0.3	1 对常开 1 对常闭	110V、220V、380V			1.5	1.5	2.1
JT4—□□P 零电压（或中间）继电器	吸合电压（0.60~0.85）U_N 或释放电压（0.10~0.35）U_N		0.2~0.4		110V、127V、220V、380V	75W	自动	100	10	1.8
JT4—□□L 过电流继电器		±10%		1 对常开 1 对常闭 或 2 对常开 或 2 对常闭	5A、10A、15A、20A、40A、80A、150A、300A、600A			1.5	1.5	1.7
JT4—□□S 手动过电流继电器	吸合电流（1.10~3.50）I_N		0.1~0.3			5W	手动			

（4）选用

1）电流继电器的额定电流可按电动机长期工作的额定电流来选择。

2）电流继电器的触头种类、数量、额定电流应满足控制线路要求。

3）过电流继电器的整定电流一般取电动机额定电流的 1.7~2 倍；欠电流继电器的整定电流一般取电动机额定电流的 0.1~0.2 倍。

（5）安装与使用

1）安装前应检查继电器的额定电流和整定电流值是否符合要求。

2）安装后应在触头不通电的情况下，使吸引线圈通电操作几次。

3）定期检查继电器各零部件是否有松动及损坏现象。

2. 电压继电器

反映输入量为电压的继电器叫作电压继电器。

电压继电器的线圈并联在被测量的电路中，根据线圈两端电压的大小而接通或断开电路。

电压继电器又分为过电压继电器、欠电压继电器和零电压继电器。图 2-8-3 所示为电压继电器的图形符号和文字符号。

电压继电器的整定方法：过电压继电器的动作电压整定为 （1.05~1.20）U_N；欠电压继电器的释放电压整定为 （0.4~0.70）U_N；零电压继电器的释放电压整定为 （0.1~0.35）U_N。

电压继电器的选用，主要根据继电器线圈的额定电压、触头的数目和种类进行。

电压继电器的结构、工作原理及安装使用等知识，与电流继电器类似。

（二）直流电动机的控制

1. 直流电动机的起动控制

与交流电动机相比，尽管直流电动机结构复杂、成本高，但由于直流电动机具

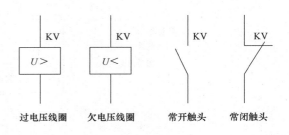

图 2-8-3　电压继电器的图形符号和文字符号

有起动转矩大、较硬的机械特性、调速范围广、调速精度高、能够实现无级平滑调速以及可以频繁起动等一系列优点，故在许多场合仍然应用。尤其在大功率晶闸管可控整流装置的配合下，直流电动机应用更为广泛。

直流电动机的起动控制有其自身特点，即在接通电枢电源之前必须先通入励磁额定电流，原因是：保证起动过程中产生足够大的反电动势来达到减小起动电流；产生足够大的起动转矩，缩短起动时间；避免励磁电流为零时出现"飞车"现象。由于直流电动机的电枢直接起动电流太大（如全压起动时为 $10 \sim 20 I_N$），因此除极小功率的直流电动机外，直流电动机是不允许全压起动的，必须减压起动。

直流电动机常用的起动方法有两种，一是电枢回路串联电阻起动，二是降低电源电压起动。注意：并励直流电动机通常采用电枢回路串电阻起动。

2. 直流电动机的正反转控制

直流电动机实现正反转的方法有两种：一是电枢绕组反接法，保持励磁绕组极性不变；二是励磁绕组反接法，保持电枢绕组极性不变。如果电枢绕组和励磁绕组的极性同时改变，那么电动机的转向将保持不变，就无法实现电动机的正反转。

为了避免在改变励磁电流方向的过程中因励磁电流为零而产生"飞车"现象，故并励直流电动机的正反转控制线路均采用电枢反接法实现。

（三）工作原理分析

图 2-8-1 为并励直流电动机电枢回路串电阻起动的正反转控制线路，其工作原理如下：

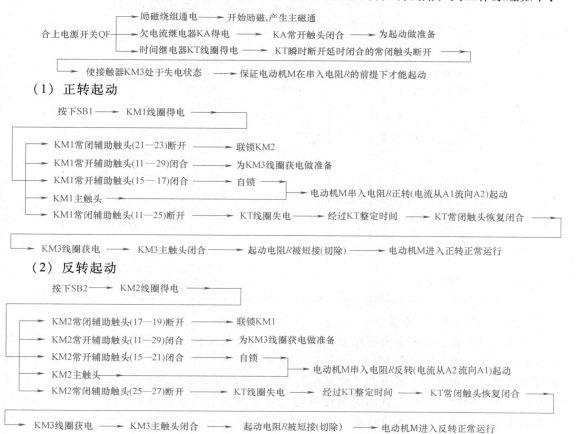

（1）正转起动

（2）反转起动

（3）停止　按下 SB3 即可。

三、技能训练

（一）工具、仪表和电器元件选择

（1）常用工具　螺钉旋具（分为一字形和十字形）、验电器、钢丝钳、尖嘴钳、断线钳（又称为斜口钳）、剥线钳、电工刀、活扳手等电工常用工具。

（2）常用仪表　万用表（MF47 型）、钳形电流表（MG3—1 型）、绝缘电阻表（ZC25—3 型）。

（3）电器元件规格　按表 2-8-2 配齐电器元件后需进行质量检验，待确保无问题后（需得到实训指导教师的认可）再进行下一步工作。

表 2-8-2　技能训练器材表

序号	名称	代号	型号	规格	数量
1	直流电源	DC		DC220V	1
2	并励直流电动机	M	Z2—32	并励；2.2kW，励磁电压 220V；DC220V；I_N = 12.4A；1500r/min	1
3	低压直流断路器	QF	B8—DC/25/2C	二极、250V、25A；整定电流 12.4A	1
4	直流熔断器	FU1	KD14—25A/440VDC	440V、25A、熔体额定电流 20A；熔座 KCH14，圆管型 ϕ14mm×51mm	2
5	直流熔断器	FU2	KD14—25A/440VDC	440V、25A、熔体额定电流 10A；熔座 KCH14，圆管型 ϕ14mm×51mm	1
6	直流接触器	KM	CZ0—40/20	40A、线圈电压 DC220V	3
7	时间继电器	KT	JS7—3	延时范围 0.4 ~ 60s；线圈电压 DC220V	1
8	欠电流继电器	KA	JL14—25ZQ	I_N = 25A；线圈电压 DC220V	1
9	起动变阻器	R	ZX	100Ω；20A	1
10	按钮	SB	LA10—3H	保护式	1
11	接线端子板	XT	JX2—Y010	15A、15 节、600V	1
12	控制安装板			500mm×600mm×30mm	1
13	行线槽			40mm×40mm，两边打 ϕ3.5mm 孔	5m
14	主电路塑铜线			BV—2.5mm² 和 BVR—1.5mm²	若干
15	控制电路塑铜线			BV—1mm²	若干
16	按钮塑铜线			BVR—0.75mm²	若干
17	接地塑铜线			BVR—1.5mm²（黄、绿双色线）	若干
18	编码套管				若干
19	紧固体			木螺钉：ϕ3mm×20mm；ϕ3mm×15mm 平垫圈 ϕ4mm	若干

（二）绘制电器元件布置图

电器元件布置图是根据所有电器元件在控制板上的实际位置，采用简化的外形图（如正方形、矩形、圆形等）绘制的一种简图。布置图不表示各电器的结构、作用、工作原理和接线情况，且布置图中各电器元件标注的文字符号必须与电气原理图和接线图中标注的文字符号一致。同时，所画布置图必须按电器元件布置图的绘制原则来绘制（布置图画好后需得到实训教师的认可，再进行下一步工作）。图 2-8-4 所示为并励直流电动机正反转电气控制的电器元件布置图和安装图。

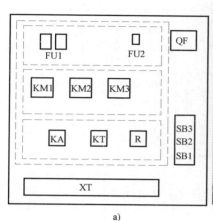
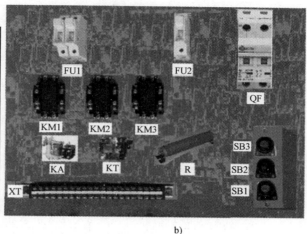

图 2-8-4　并励直流电动机正反转电气控制的电器元件布置图和安装图

a）电器元件布置图　b）电器元件安装图

（三）安装接线（安装接线图）步骤和工艺要求

1. 绘制安装接线图

电气安装接线图是根据电气设备和电器元件的布置位置和实际安装位置，根据原理图中各电器之间的连接关系而绘制的一种接线图形。图 2-8-5 所示为并励直流电动机正反转电气控制的安装接线图。

2. 电器元件安装

按图 2-8-4 所示布置图在控制电路板上进行电器元件安装，并贴上相应的文字符号。电器元件安装时的工艺要求如下：

1）断路器、熔断器的受电端子应安装在控制电路板的外侧。

2）各电器元件的安装位置应整齐、均匀，间距合理，便于电器元件的更换。

3）紧固各电器元件时，用力要均匀，松紧程度要适中。在紧固熔断器、接触器等易碎电器元件时，应按对角线交叉慢慢紧固螺钉，且应用手按住电器元件，边紧固边轻轻摇动电器元件，直到手摇不动后，再适当紧固即可。

3. 布线及工艺要求

按图 2-8-5 所示的接线图进行接线。在进行板前明线布线时，需遵循下列工艺要求。

1）手工布线时（非模型、模具配线），应符合平直、整齐、紧贴敷设面、走线合理及连接点不得松动便于检修等要求。

2）走线通道应尽可能少，同一通道中的沉底导线，按主电路、控制电路分类集中，单层平行密排或成束，应紧贴敷设面。

3）导线长度应尽可能短，可水平架空跨越，如两个电器元件线圈之间、连线主触头之间的连线等，在留有一定余量的情况下可不紧贴敷设面。

4）同一平面内的导线应高低一致或前后一致，不能交叉。

5）布线应横平竖直，变换走向应垂直 90°。

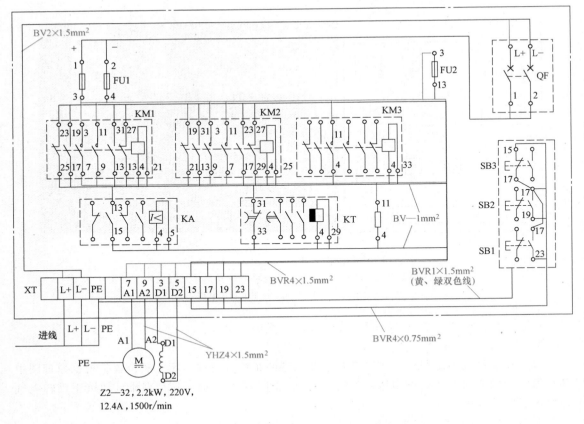

图 2-8-5　并励直流电动机正反转电气控制的安装接线图

6）上、下触头若不在同一垂直线下，不应采用斜线连接。

7）导线与接线端子或接线桩连接时，应不压绝缘层、不反圈及露金属不大于 1mm，并做到同一电器元件、同一回路的不同连接点的导线间距离保持一致。

8）一个电器元件接线端子上的连接导线不得超过两根，每节接线端子板上的连接导线一般只允许连接一根。

9）布线时，严禁损伤线芯和导线绝缘。

10）布线顺序的原则一般是：以接触器为中心，由里向外，由低至高，先控制电路，后主电路的顺序进行。

11）导线截面积不同时，应将截面积大的导线放在下层，截面积小的导线放在上层。

12）多根导线布线时（主电路），应做到整体在同一水平面或同一垂直面。

13）对复杂线路，必须在导线两端套上与原理图中编号相一致的编码套管，以便检查核对接线的正确性及故障查找等。

14）在有条件的情况下，导线应采用颜色标志，即保护接地导线（PE）必须采用黄、绿双色；动力电路的中性线（N）和中间线（M）必须是浅蓝色；交流或直流动力电路采用黑色；交流控制电路采用红色；直流控制电路采用蓝色；用作控制电路联锁的导线，如果是与外边控制电路相连接，而且当电源开关断开仍带电，应采用橘黄色或黄色；与保护导线连接的电路采用白色。

布线接好后，需根据电气原理图中的编号检查控制电路板上的布线是否正确，防止错接和漏接等现象，在确认无错误后，方可进行下一步工作。

4. 连接电动机

根据电气原理图将电动机的直流电源端子（L+、L-）、励磁绕组（D1、D2）、电枢绕组端子（A1、A2）用导线引至相应接线端子上。同时，将电动机和按钮的金属外壳与接地线可靠连接。

（四）通电试机

在通电试机时，必须遵循下列步骤。

1）检查熔断器、直流接触器、欠电流继电器、时间继电器、按钮等的位置是否正确、有无损坏，导线规格是否符合设计要求，操作按钮和接触器是否灵活可靠，欠电流继电器和时间继电器的整定值是否正确，信号和指示是否正确。

2）在通电试机时，要认真执行电气安全操作规程的有关规定，一人监护，一人操作。同时，需要再次检查控制接线是否有不安全的因素存在。

3）用绝缘电阻表检查线路的绝缘电阻值，一般不应小于 $1M\Omega$。

4）通电试机前，需经指导教师认可，并在指导教师的操作下接通直流电源 L+、L-。

5）在指导教师现场监护下，学生开始通电操作。

① 合上电源开关 QF。

② 按下按钮 SB1 正转（或 SB2 反转），观察接触器、熔断器、欠电流继电器、时间继电器和电动机的工作情况是否正常。若不正常，应立即断电停机。

③ 断电后，对不正常工作的线路接线，学生自行故障查找并进行故障排除（注：不允许带电检查）。若需再次通电试机，仍然需得到指导教师的认可，并在现场监护。

④ 做好每一次操作情况的记录。

6）试机成功率以第一次按下按钮通电时为准。

7）通电试机完毕后，按下停止按钮 SB3，断开电源开关。待电动机停止后，开始拆线，先拆除直流电源线，再拆除电动机的接线。

➤【课题小结】

本课题的内容结构如下：

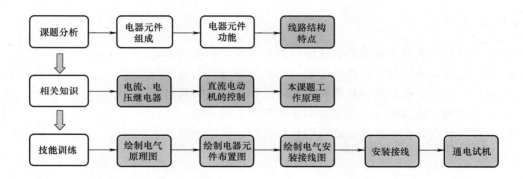

▷【效果测评】

根据本课题学习内容，按照表 2-8-2 所列内容，对学习效果进行测评，检验教学达标情况。

表 2-8-3　考核评分记录表

考核目标	考核内容	考核要求	评分标准	配分	自评	互评	师评
知识目标（40分）	电流、电压继电器	掌握电流、电压继电器的工作原理	电流继电器工作原理5分；电压继电器工作原理5分	10			
	直流电动机的起动	掌握直流电动机起动要求及实现过程	起动要求5分；起动实现过程5分	10			
	直流电动机正反转	掌握直流电动机正反转原理及实现过程	正反转原理5分；实现过程5分	10			
	工作原理分析	主电路的工作原理；控制电路的工作原理	主电路的工作原理5分；控制电路的工作原理5分	10			
能力目标（55分）	准备工作	电器元件检查	电器元件的漏检或错检，每一处扣1分	5			
	绘图	绘制电气原理图、电器元件布置图和电气安装接线图	电气原理图5分；电器元件布置图5分；电气安装接线图5分	10			
	电器元件安装	正确、合理安装电器元件	按图施工5分；电器元件安装牢固2分；电器元件布局合理3分；电器元件损坏，每件扣10分	10			
	布线	布线正确、合理、规范	按图布线5分；布线工艺10分；接头符合要求5分；绝缘问题和线损情况5分；号码套装5分；接地线安装5分	10			
	通电试机	操作规范正确、安全有序	熔断器选择合理5分；热继电器整定5分；试机操作规范5分；第一次试机不成功，扣10分；第二次试机不成功，扣10分	10			
	故障排除（由教师设置1~2两个故障点）	故障检修的方法	工具、仪表使用3分；故障排除时思路正确5分；故障排除时方法正确5分；不能排除故障，扣10分	10			
安全文明（5分）		劳保用品穿戴符合劳动保护相关规定；现场使用符合安全文明生产规程		5			
总　分				100			

▷【思考与训练】

1. 简述三相交流异步电动机改变转向的基本原理和实现方式。
2. 简述三相交流异步电动机减压起动的工作原理及起动实现过程。
3. 简述三相交流异步电动机能耗制动的工作原理及实现过程。
4. 简述三相交流异步电动机变极调速原理及实现过程。
5. 简述三相绕线转子异步电动机的机械特性、起动原理及实现过程。

单元三

典型机床的电气控制

车床、钻床、磨床和镗床等生产机械，是工业生产中最普遍、最常见的生产设备，学习和掌握它们的电气控制原理和故障排除方法，是培养合格电气技术人才的必修课。而这些机床的电气控制又是前面所述典型环节在工业生产中的具体发展与应用。本单元精选了四个课题，通过认真地学习和理解其工作原理，掌握相应故障分析和排除方法，对于巩固前面的知识和技能以及学习其他各种复杂设备的电气控制也能起到积极的促进作用。

课题一　CA6140 型车床电气控制

CA6140 型卧式车床是应用最广泛、最普通的车床。它能够车削外圆、内圆、端面、螺纹、切断及割槽，装上钻头或铰刀进行钻孔或铰孔等加工。它是最常见的一种车床，由三台电动机拖动，是学习复杂设备电气控制的入门课题。

➤【教学目标】

知识目标：

（1）理解和掌握机床检修步骤、检修方法。

（2）理解和掌握机床电路识读常识。

（3）了解和熟悉 CA6140 型卧式车床的主要组成。

（4）了解和熟悉 CA6140 型卧式车床的拖动构成及其特点。

（5）了解和熟悉 CA6140 型卧式车床电气控制系统中典型环节的运用。

（6）了解和熟悉 CA6140 型卧式车床的运动方式、控制特点和基本要求。

能力目标：

（1）能够起动和操作控制 CA6140 型卧式车床。

（2）根据 CA6140 型卧式车床电气原理图，熟练掌握主电路的控制特点。

（3）根据 CA6140 型卧式车床电气原理图，熟练分析控制电路的工作原理。

（4）掌握 CA6140 型卧式车床的电气故障分析思路和排故方法。

➤【教学任务】

课题简介；电气维修相关知识；机床电气维修技能训练。

➤【教·学·做】

一、课题简介

CA6140 型卧式车床是设备加工生产车间常见的一种车削设备，是设备加工制造行业最重要的一种设备。它主要由床身、主轴箱、进给箱、溜板箱、刀架、丝杠、光杠、床座、卡盘和尾座等部分组成，由三台电动机驱动。学习和掌握 CA6140 型卧式车床的电气控制方法以及故障分析和维修技能，对于进一步巩固前面所学知识和技能，深入学习和掌握其他复杂设备的电气控制具有重要作用。

二、相关知识

要学习和掌握本课题的电气故障分析、检查和维修技能，首先学习和掌握电气维修的步骤、方法，还要能够识读该课题的电气原理图，熟练分析和掌握其工作原理。

（一）机床检修步骤

（1）观察故障现象　当机床发生故障时，要通过问、看、听、闻、摸了解故障发生时的异常现象，判断故障发生的部位，准确排除故障。问，询问机床操作人员机床运行状况；看，观察故障发生后，电器元件有无明显变化；听，听电动机、接触器、继电器等声音是否正常；闻，闻电动机、变压器、电磁线圈有无异味；摸，切断电源后，摸电动机、变压器、电磁线圈温度是否过热。

（2）判断故障范围　应根据故障现象及工作原理，在电气原理图上采用逻辑分析法确定故障可能发生的范围，提高故障检修的针对性，准确判断故障范围。

（3）查找故障点　确定故障范围后，常采用的检修方法有直观法、电压测量法、电阻测量法和短接法等。

（4）排除故障　找到故障后，根据实际情况，采用更换电器元件、维护修理电器元件或更换导线等方法，但要求更换的元器件和导线要使用相同的规格与型号。

（5）通电试车　故障排除后，应重新通电试机，检查机床的各项操作及技术指标，必须要符合技术要求。

（二）机床检修方法

1. 直观检查法

直观检查法是依靠检修人员听觉、视觉、嗅觉、触觉来发现故障的方法。检查内容包括：电动机、变压器、电磁线圈是否有异味；熔断器熔体是否熔断、热继电器是否动作、导线接头是否松动或脱落；操作开关、转换开关是否失灵；照明灯、指示灯是否会亮等。

2. 电压测量法

电压测量法是指用万用表电压档测量线路的工作电压，从而发现故障的方法，由于其方法可快速、高效的排除故障，因此得到普遍使用。

（1）电压分阶测量法　如图 3-1-1 所示，压合行程开关 SQ1 及按下 SB2 后，接触器 KM 线圈不吸合，查找控制线路的故障点。

按下起动按钮 SB2 不放，将万用表转换开关置于交流 250V 档，黑表笔置于 0 号线，红表笔分别置于 2、4、5、6、7 号线依次测量各阶段之间的电压：

1）测量 0 号和 2 号两点间的电压，正常电压

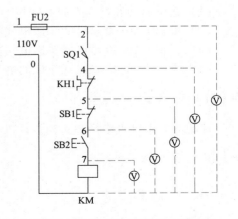

图 3-1-1　电压分阶测量法示意图

为110V，不正常电压为0V。

2）测量0号和4号两点间的电压，正常电压为110V，不正常电压为0V。

3）测量0号和5号两点间的电压，正常电压为110V，不正常电压为0V。

4）测量0号和6号两点间的电压，正常电压为110V，不正常电压为0V。

5）测量0号和7号两点间的电压，正常电压为110V，不正常电压为0V。

若所测两点之间的电压为0V时，则线号上一级的电器元件或导线、导线接头处就是故障点。如：测量0号和2号两点间的电压为110V时，线路正常；测量0号和4号两点间的电压为110V时，线路正常；测量0号和5号两点间的电压，电压为0V时，故障点可能是热继电器已动作致使热继电器辅助常闭触头断开，也可能是导线与电器接头处接触不好等原因导致0号和5号两点间的电压为0V。

（2）电压分段测量法　如图3-1-2所示，压合行程开关SQ1和按下SB2后，接触器KM线圈不吸合，查找控制线路的故障点。

按下起动按钮SB2不放，将万用表转换开关置于交流250V档，将红、黑两表笔分别置于0—2、2—4、4—5、5—6、6—7、7—0号线，依次测量各阶段之间的电压：

1）测量0号和2号两点间的电压，正常电压为110V，不正常电压为0V。

2）测量2号和4号两点间的电压，正常电压为0V，不正常电压为110V。

3）测量4号和5号两点间的电压，正常电压为0V，不正常电压为110V。

4）测量5号和6号两点间的电压，正常电压为0V，不正常电压为110V。

5）测量6号和7号两点间的电压，正常电压为0V，不正常电压为110V。

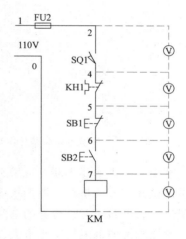

图3-1-2　电压分段测量法示意图

6）测量7号和0号两点间的电压，正常电压为110V，不正常电压为0V。

若所测两点之间的电压为110V，则两点之间的电器元件或导线、导线接头处就是故障点。如：测量0号和2号两点间的电压为110V时，线路正常；测量2号和4号两点间的电压为0V时，线路正常；测量4号和5号两点间的电压，电压为0V时，线路正常；测量5号和6号两点间的电压，电压为0V时，线路正常；测量6号和7号两点间的电压，电压为110V时，线路不正常，线路故障点可能是起动按钮SB2常开触头接触不好，也可能是导线与电器接头处接触不好等原因导致6号和7号两点间的电压为110V。

3. 电阻测量法

电阻测量法是在电路切断电源后，用万用表电阻档对电路故障进行检查的一种方法。利用电阻测量法对线路中的断线、触头虚接、导线虚焊的故障进行检查，找到故障点。

（1）电阻分阶测量法　如图3-1-3所示，压合行程开关SQ1及按下SB2后，接触器KM线圈不吸合，查找控制线路的故障点。

首先，检查前要先断开电源，按下起动按钮SB2不要放，将万用表转换开关置于电阻档合适档位并调零，黑表笔置于 0 号线，红表笔分别置于 2、4、5、6、7 号线依次测量各阶段之间的电阻值。若电路正常，测量的电阻值应为接触器 KM 线圈的电阻值，如果测量的电阻值是无穷大，则说明表笔测量过的触头接触不良、电器或线圈与连接导线接触不良或断路，再根据测量结果找出故障点。

（2）电阻分段测量法　如图 3-1-4 所示，压合行程开关 SQ1 及按下 SB2 后，接触器 KM 线圈不吸合，查找控制线路的故障点。

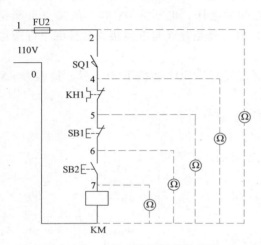

图 3-1-3　电阻分阶测量法示意图

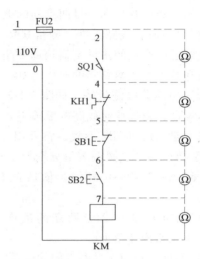

图 3-1-4　电阻分段测量法示意图

首先，检查前要先断开电源，按下起动按钮 SB2 不放，将万用表转换开关置于电阻档合适档位并调零，将红、黑两表笔分别置于 2—4、4—5、5—6、6—7、7—0 号线之间测量电阻值，若电路正常，测量的电阻值应为 0V，7—0 之间的电阻值为接触器 KM 线圈的电阻值。如果测量的电阻值是无穷大，则说明表笔测量过的两点之间的触头接触不良、电器或线圈与连接导线接触不良或断路，再根据测量结果找出故障点。

4．短接法

短接法是用一根绝缘良好地导线，把怀疑的断路部位短接，如短接过程中电路被接通，就说明被短接处断路。短接法一般用于控制电路，不能在主电路中使用，并且绝对不能短接负载，否则会发生严重的短路事故。

如图 3-1-5 所示，压合行程开关 SQ1 及按下 SB2 后，接触器 KM 线圈不吸合，查找控制线路的故障点。

检修时，合上电源开关，按下起动按钮 SB2 不放，用一根绝缘良好的导线分别短接 2—4、4—5、5—6、6—7 号线，当短接到其中任意两点时，接触器 KM 线圈得电吸合，则说明故障就在这两点之间。

短接法一般用于控制电路，不能在主电路中使用，并且绝对不能短接负载，如接触器线圈两端，否则将发生短路事故。图中线号 7—0 之间短接会造成短路事故。

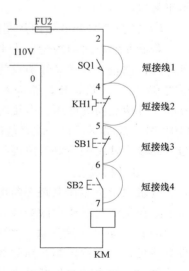

图 3-1-5　短接法示意图

（三）机床电路识读知识

1. 机床电路组成及其基本功能

电气原理图一般由电源电路、主电路、控制电路、辅助电路四部分组成。

1）电源电路由电源保护电器和电源开关组成，画成水平线。

2）主电路是作用于被控制对象的电路。主电路垂直于电源电路，位于电气原理图左侧。

3）控制电路用于实现对被控制对象运转的控制，控制电路垂直于电源电路，位于主电路的右侧。

4）辅助电路由变压器、照明灯、信号灯等低压电器组成。

2. 电气原理图分区与标注

1）机床电气原理图按功能划分若干图区，一个图区表示一个回路，从左向右用数字编号，标注在图形下部。

2）机床电气原理图中每个电路的用途，必须用文字标注在原理图上部的用途栏内。

3）机床电气原理图中，接触器下面画有两条竖直线，分左、中、右三栏，左栏为主触头所在区域，中栏为辅助常开触头所在区域，右栏为辅助常闭触头所在区域，未用触头，用"×"标出或不标。继电器下面画有一条竖直线，分左、右两栏，左栏为辅助常开触头所在区域，右栏为辅助常闭触头所在区域，未用触头，用"×"标出或不标。

3. 机床电气原理图识读方法

通常用查线阅读法阅读机床电气原理图。

1）从主电路中有哪些控制元件的主触头，可了解电动机的工作状况（如正反转、调速等）。

2）根据主电路中主触头的文字符号，在控制回路找到控制元件和控制环节，进行控制回路的分析。

3）假设按下控制按钮、行程开关，分析各电器元件的动作及电动机的运转情况。

4）注意控制回路中各回路之间的自锁、联锁、保护环节，以及各环节与机械、液压的动作关系。

5）先分析局部电路的工作原理，再分析整个控制电路，从整体了解其工作原理。

6）边阅读边写出工作原理，分析工作过程。

三、CA6140 型卧式车床工作原理分析

图 3-1-6 所示为 CA6140 型卧式车床电气原理图。

（一）运动形式

CA6140 型卧式车床的运动形式分为切削运动、进给运动、辅助运动。

切削运动包括工件旋转的主运动和刀具的直线进给运动。

进给运动是刀架带动刀具的直线运动，包括刀架的纵向运动和横向运动。

辅助运动为车床上除切削运动以外的其他一切必需的运动，如尾架的纵向运动、工件的加紧与放松等。

（二）电气控制特点及要求

1）主拖动电动机选用三相笼型异步电动机，为满足调试要求，采用机械变速。

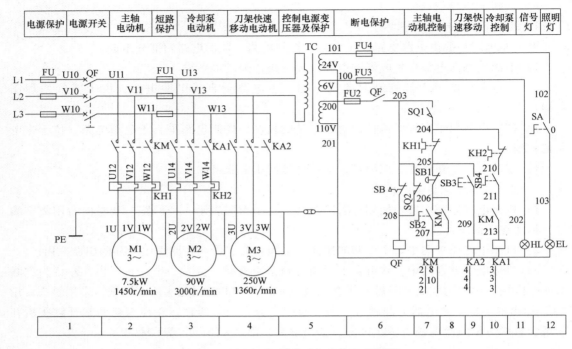

图 3-1-6　CA6140 型卧式车床电气原理图

2）为车削螺纹，主轴要求正反转，正反转采用机械方式来实现。

3）采用齿轮箱进行机械有级调速，主轴电动机采用直接起动，为快速停机，采用机械制动。

4）设有冷却泵电动机并要求冷却泵电动机应在主轴电动机起动后方可选择起动与否；当主轴电动机停止时，冷却泵电动机应立即停止。

5）为实现溜板箱的快速移动，由单独的快速移动电动机拖动，采用点动控制。

（三）主电路分析

主电路共有三台电动机：M1 为主轴电动机，带动主轴旋转和刀架作进给运动；M2 为冷却泵电动机，用来输送冷却液；M3 为刀架快速移动电动机，用来拖动刀架快速移动。

将钥匙开关 SB 向右旋转，扳动断路器 QF 将三相电源引入，主轴电动机 M1 由接触器 KM 控制，KH1 作为过载保护用热继电器，熔断器 FU 做短路保护，接触器做失电压和欠电压保护。冷却泵电动机 M2 由中间继电器 KA1 控制，KH2 作为过载保护用热继电器。刀架快速移动电动机 M3 由中间继电器 KA2 控制，由于是点动短时运转，故未设过载保护。FU1 作为冷却泵电动机 M2、快速移动电动机 M3、控制变压器 TC 的短路保护。

（四）控制电路分析

控制电路的电源由控制变压器 TC 二次侧输出 110V 电压提供。在正常工作时，位置开关 SQ1 常开触头闭合，打开传送带罩后，SQ1 断开，切断控制电路电源，以确保人身安全。钥匙开关 SB 和位置开关 SQ2 在正常情况下是断开的，QF 线圈不通电，断路器 QF 能合闸。打开配电箱门时，SQ2 闭合，QF 线圈获电，断路器 QF 自动断开，切断车床电源。

1．主轴电动机 M1 的控制

（1）M1 起动　按下 SB2，接触器 KM 线圈获电，KM 自锁触头闭合，KM 主触头闭合，主轴电动机 M1 旋转，KM 常开触头闭合，为 KA1 得电做好准备。

（2）M1 停止　按下 SB1，接触器 KM 线圈失电，KM 自锁触头断开，KM 主触头断开，主轴电动机 M1 停转，KM 常开触头断开。

主轴的正反转是采用多片摩擦离合器实现的。

2. 冷却泵电动机 M2 的控制

由于主轴电动机 M1 和冷却泵电动机 M2 在控制电路中采用顺序控制，所以，只有当主轴电动机 M1 起动后，KM 常开触头闭合，合上开关 SB4，冷却泵电动机 M2 才能起动。当主轴电动机 M1 停止运转时，冷却泵电动机 M2 自动停止。

3. 刀架快速移动电动机 M3 的控制

刀架快速移动电动机 M3 的控制由进给操作手柄按钮 SB3 控制，它与中间继电器 KA2 组成点动控制线路，刀架移动方向由进给操作手柄实现。

4. 照明、信号线路分析

控制变压器 TC 二次侧分别输出 24V 和 6V 电压。EL 为车床照明灯，电压 24V，由开关 SA 控制，FU4 作为短路保护；HL 为电源信号灯，电压 6V，FU3 作为短路保护。

四、技能训练

（一）CA6140 型车床典型故障分析

1. 主轴电动机不能起动

（1）故障现象　按下主轴起动按钮 SB2，主轴电动机 M1 不能起动，KM 不吸合。

（2）故障分析　从故障现象来看，可以判断出问题可能存在于主轴电动机 M1、主电路电源、控制电路 110V 电源以及与 KM 相关的电路上。

1）检查主电路和控制电路的熔断器 FU1、FU2、FU3 和 FU4 是否熔断，若发现熔断，应更换熔断器的熔体。

2）检查热继电器 KH1、KH2 的热保护是否动作，若热继电器动作，应找出动作的原因，然后复位热继电器。

3）检查停止按钮 SB1、起动按钮 SB2 的触头和接线是否良好。

4）检查接触器 KM 的线圈和接线是否良好。

5）主电路中接触器 KM 的主触头和接线是否良好。

6）若主电路、控制电路都完好，故障可能发生在电源及电动机上，如：电动机断线或电源电压过低，都会造成装置电动机 M1 不能起动，KM 不吸合。

（3）故障检查　采用验电器法、电压测量法和电阻测量法进行故障检查。

1）采用验电器法检查电源及熔断器是否熔断。

2）采用电压测量法检查主电路和控制电路。

3）采用电阻测量法检查各电器元件的触头和接线是否良好。

2. 主轴电动机 M1 发出异响

（1）故障现象　按下起动按钮 SB2，主轴电动机转动很慢，并发出异响。

（2）故障分析　从故障现象来看，可以判断这种状态为断相运行，问题可能存在于主轴电动机 KM1、主电路电源、KM 的主触头上，如：断路器中任意一相触头接触不良；三相熔断器任意一相熔断；接触器 KM 的主触头有一对接触不良；电动机定子绕组任意一相接线断开、接头氧化、螺母未压紧，都会造成断相运行。

（3）故障检查　采用验电器法、电压测量法、电阻测量法进行故障检查。

1）检查进线电源是否正常。

2）检查主电路熔断器 FU1、FU2 是否熔断。

3）检查接触器 KM 的主触头和接线是否良好。

4）检查电动机定子绕组是否正常。

5）采用验电器法检查电源及熔断器是否熔断。

6）采用电压测量法检查主电路。

7）采用电阻测量法检查电动机和各电器元件的触头和接线是否良好。

3. 电动机 M1 是点动控制

（1）故障现象　按下起动按钮 SB2，主轴电动机 M1 能起动，但不能自锁。

（2）故障分析　从故障现象中可以判断主轴电动机 M1、主电路电源、控制电路电源是正常的。

（3）故障检查

1）检查接触器 KM 辅助常开触头（自锁触头）是否正常。

2）检查接触器 KM 辅助常开触头接线是否松动。

3）检查控制电路的接线是否有错误。

4）采用电阻测量法检查各电器元件的触头和接线是否良好。

4. 其他故障分析

其他故障分析见表 3-1-1。

表 3-1-1　其他故障分析

故障现象	故障原因	处理方法
主轴电动机 M1 不能停止	KM 主触头熔焊；停止按钮 SB1 损坏或控制线路中 5、6 两点连接导线短路；接触器 KM 的铁心端面被油垢粘住不能分开	断开 QF，若 KM 释放，说明故障是停止按钮 SB1 损坏或导线短路；若 KM 过一段时间释放，则故障为铁心端面被油垢粘住；若 KM 不释放，则故障为 KM 主触头熔焊，对主触头进行更换
主轴电动机运行中停机	热继电器 KH1 动作，动作原因可能是：电源电压不平衡或过低；整定值偏小；负载过大；连接导线接触不良	找出 KH1 动作的原因，排除后，复位热继电器
照明灯 EL 不亮	灯泡损坏；熔断器 FU4 熔断；转换开关 SA 接触不良；TC 二次绕组断线或接头松脱灯泡和灯头接触不良	根据情况采取相应的修复措施
刀架快速移动电动机不工作	中间继电器 KA2 主触头接触不良；起动按钮 SB3 触头损坏或接触不良；中间继电器 KA2 线圈烧坏	根据情况，修复或更换中间继电器 KA2，修复或更换起动按钮 SB3

（二）CA6140 型车床电气故障排除训练

1. 训练内容

对 CA6140 型车床电气控制线路的故障进行检修、分析及排除。

2. 设备、工具及仪表

（1）设备　CA6140 型车床电气控制模拟装置。

（2）工具　验电器、尖嘴钳、螺钉旋具等。

（3）仪表　万用表、500V 绝缘电阻表等。

3．训练过程

1）熟悉 CA6140 型车床电气模拟装置，了解装置的基本操作，明确各电器的位置和作用。

2）检查电气模拟装置上电器元件的接线是否牢固，熔断器是否完好，并完成负载的接线，安装好接地线。

3）将电气模拟装置下垫好绝缘垫，将模拟装置上各开关置于断开位置。

4）在老师的监督下，接上三相电源，合上断路器 QF，电源指示灯 HL 灯亮。

5）将钥匙开关、行程开关 SQ2 处于断开状态，SQ1 处于闭合状态，按下 SB2，接触器 KM 线圈得电，主轴电动机 M1 正转，按下 SB1，接触器 KM 线圈断电，主轴电动机 M1 停止；按下 SB2，接触器 KM 线圈得电，主轴电动机 M1 正转，按下 SB4，中间继电器 KA1 线圈得电，冷却泵电动机 M2 正转，松开 SB4，中间继电器 KA1 线圈断电，冷却泵电动机 M2 停止；按下 SB3，中间继电器 KA2 线圈得电，刀架快速移动电动机 M3 正转，松开 SB3，中间继电器 KA2 线圈断电，刀架快速移动电动机 M3 停止；将开关 SA 旋转到闭合状态，照明灯 EL 亮。

6）在掌握了电气模拟装置的基本操作之后，按原理图所示，由指导老师在 CA6140 型车床电气模拟装置主电路或控制电路上设置 3 个电气故障点，由学生自己检查电路，分析、排除故障，并在电气原理图上标注故障范围和故障点。

7）设置故障点时，应做到隐蔽，故障现象尽可能不要相互掩盖。不设置容易造成人身和设备事故的故障点。

8）排除故障时，应根据故障现象，依据电路图用逻辑分析法初步确定故障范围，并在电路图中标出最小故障范围。

9）查出故障后，必须修复故障点，不得采用更换电器元件、借用触头及改动线路的方法。

10）检修时，严禁扩大故障范围或产生新的故障，不得损坏电器元件。

4．注意事项

1）设备操作时，做到安全第一。进行故障排除训练时，尽量采用不带电检修，若带电检修，则必须有指导老师在现场监护。

2）安装电源线、电动机线、接地线时，必须仔细查看各接线端，有无螺钉松动或脱落，以免通电后发生触电意外或损坏电器。

3）学生在操作中若发出不正常声响，应立即断电，查明原因。不正常声响主要来自电动机断相运行，接触器、继电器吸合不正常等。

4）熔断器熔芯熔断，应找出故障原因，再更换同规格熔芯。

5）实训结束后，应切断电源，将模拟设备上各开关置于断开位置。

6）检修时，所用工具、仪表应符合所用要求。

7）认真做好实训记录，包括在原理图上标注故障范围、故障点、故障现象等。

➢【课题小结】

本课题的内容结构如下：

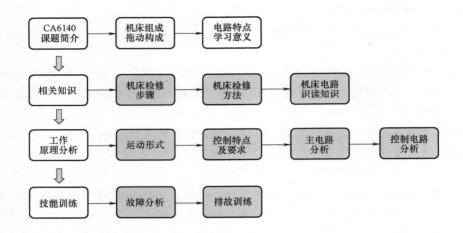

说明：

（1）本课题是设备制造行业最典型的控制案例。学习掌握本课题的内容，有利于帮助学生了解车床工作原理，培养学生分析问题、解决问题的能力意义重大。

（2）教学过程中应循序渐进，通过参观设备并结合实际进行讲授，注意培养学习兴趣。

（3）蓝色框内为本课题的重点内容，应重点进行讲解和指导。

（4）在技能训练过程中，教师要加强巡回指导，及时帮助学生解决问题。

（5）在故障排除过程中，教师要加强监管，预防触电事故的发生。

➤【效果测评】

根据本课题学习内容，按照表 3-1-2 所列内容，对教学效果进行测评，检验教学达标情况。

表 3-1-2　考核评分记录表

考核目标	考核内容	考核要求	评分标准	配分	自评	互评	师评
知识目标（55分）	机床检修步骤	掌握机床检修的基本步骤	基本步骤 3 分；其他 5 分	8			
	判断故障五法	掌握故障判断五种方法及内容	方法 3 分；内容 2 分	5			
	机床检修方法	掌握机床检修方法	每种方法 2 分	8			
	机床电路识读知识	主电路的工作原理；控制电路工作原理	主电路的工作原理 3 分；控制电路的工作原理 7 分	10			
	运动形式	熟悉运动形式和作用	运动形式 2 分；作用 2 分	4			
	电气控制特点和要求	熟悉电气控制特点和要求	控制特点 3 分；控制要求 2 分	5			
	工作原理分析	能够熟练分析电气原理图工作原理	主电路 5 分；控制电路 10 分	15			

（续）

考核目标	考核内容	考核要求	评分标准	配分	自评	互评	师评
能力目标（40分）	主轴电动机不能起动	掌握故障分析方法；掌握故障检查方法	故障分析（判断故障范围）5分；故障检查和排除5分	10			
	主轴电动机运行中发出异响	掌握故障分析方法；掌握故障检查方法	故障分析（判断故障范围）5分；故障检查和排除5分	10			
	主轴电动机不能自锁运行	掌握故障分析方法；掌握故障检查方法	故障分析（判断故障范围）5分；故障检查和排除5分	10			
	其他故障分析	掌握故障分析方法；掌握故障检查方法	故障分析（判断故障范围）5分；故障检查和排除5分	10			
安全文明（5分）		劳保用品穿戴符合劳动保护相关规定；现场使用符合安全文明生产规程		5			
总分				100			

说明：设备故障由教师在模拟控制装置上面进行设置，然后由学生进行分析排除。

课题二　Z3050 型摇臂钻床电气控制

Z3050 型摇臂钻床是一种用途广泛的立式摇臂钻床，具有结构合理、功能完备、操作方便、性能优良的特性。其主要用于对大型零件钻孔、扩孔、铰孔、镗孔等。Z3050 型摇臂钻床由四台电动机进行拖动，其中有两台为正反转控制，是前面所学典型环节的一个综合应用案例。

▶【教学目标】

知识目标：
（1）了解和熟悉 Z3050 型摇臂钻床的主要组成。
（2）了解和熟悉 Z3050 型摇臂钻床的拖动构成及特点。
（3）了解和熟悉 Z3050 型摇臂钻床电气控制系统中典型环节的运用。
（4）了解和熟悉 Z3050 型摇臂钻床的运动方式、控制特点和基本要求。

能力目标：
（1）能够起动和操作控制 Z3050 型摇臂钻床。
（2）根据 Z3050 型摇臂钻床电气原理图，熟练掌握主电路的控制特点。
（3）根据 Z3050 型摇臂钻床电气原理图，熟练分析控制电路的工作原理。
（4）掌握 Z3050 型摇臂钻床的电气故障分析思路和排故方法。

▶【教学任务】

课题简介；工作原理分析；故障分析及排故技能训练。

➤【教·学·做】

一、课题简介

Z3050 型摇臂钻床是生产车间用途广泛的一种钻孔专用设备。它主要由底座、内立柱、外立柱、摇臂、主轴箱、工作台等组成，由四台电动机驱动，包括主轴电动机，摇臂升降电动机，液压夹紧、放松电动机，冷却泵电动机。电气控制系统中，摇臂升降电动机及液压夹紧放松电动机为正反转控制，其余两台电动机为单向起动控制，是一个较为复杂的典型控制案例。学习和掌握 Z3050 型摇臂钻床的电气控制原理及维修技能，对于进一步巩固前面所学知识和技能，深入学习和掌握其他复杂设备的电气控制具有重要作用。

Z3050 型摇臂钻床的外形如图 3-2-1 所示。

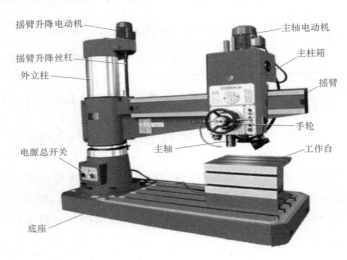

图 3-2-1　Z3050 型摇臂钻床的外形

其中，主轴电动机通过主轴箱带动钻头旋转钻孔，并可实现手动或自动进给运动；摇臂升降电动机负责摇臂的电动升降；立柱、主轴箱夹紧放松由一台电动机负责。另外，还有一台冷却泵电动机位于立柱底部，用于输送冷却液，对加工过程中的刀具进行冷却。

二、工作原理分析

（一）运动形式

Z3050 型摇臂钻床的运动形式包含主轴旋转运动、进给运动、辅助运动。

1）主轴运动：摇臂钻床主轴带动钻头（刀具）的旋转运动。

2）进给运动：摇臂钻床主轴的垂直（上下）运动（手动或自动）。

3）辅助运动：摇臂钻床主轴箱沿摇臂水平移动、摇臂沿外立柱上下移动以及摇臂连同外立柱一起相对于内立柱的回转运动。

（二）电气控制特点及要求

图 3-2-2 所示为 Z3050 型摇臂钻床电气控制原理图。

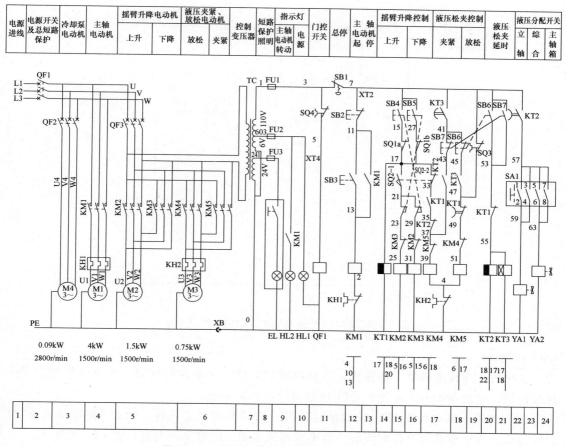

图 3-2-2　Z3050 型摇臂钻床电气控制原理图

1）由于摇臂钻床的运动部件较多，为简化传动装置，主轴电动机承担钻削及进给运动；摇臂升降及其夹紧放松、立柱夹紧放松和冷却泵各用一台电动机拖动。

2）为适应多种加工方式的要求，主轴及进给应在较大范围内调速，加入主轴箱采用机械调速，并通过用手柄操作进行调速，对电动机无任何调速要求。因此，主轴运动和进给运动由一台电动机拖动。

3）摇臂钻床加工螺纹时，要求主轴能正反转，摇臂钻床的正反转由机械方式实现，主轴电动机只需要单向旋转。

4）摇臂钻床的摇臂升降由单独的电动机拖动，要求能实现正反转。

5）夹紧和放松包括摇臂和立柱的夹紧与放松，由一台电动机配合液压装置来完成，要求电动机能正反转。摇臂的回转和主轴箱的径向移动采用手动移动。

6）钻削加工时，为对刀具及工件进行冷却，采用一台电动机拖动冷却泵输送冷却液。

（三）主电路分析

主电路由主轴电动机 M1，摇臂升降电动机 M2（正反转），液压夹紧、放松电动机 M3（正反转），冷却泵电动机 M4 四个部分组成。

（1）主轴电动机 M1　图 3-2-3 为 Z3050 型摇臂钻床主轴控制电气原理图，由接触器

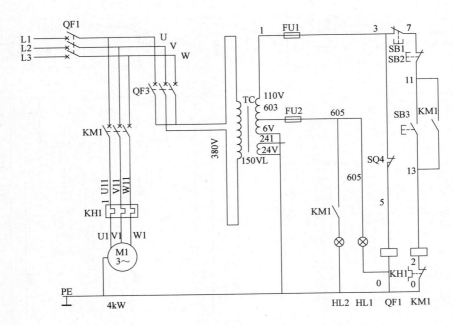

图 3-2-3 　Z3050 型摇臂钻床主轴控制电气原理图

KM1 控制。

　　主轴的正反转由机械手柄操作。主轴电动机安装在主轴箱的顶部。热继电器 KH1 用于过载保护，短路保护由电源开关 QF1 的电磁脱扣器来完成。

　　（2）摇臂升降电动机 M2　由接触器 KM2、KM3 控制其正反转。摇臂升降电动机安装在立柱顶部。由于电动机工作时间短，故不设过载保护，短路保护由断路器 QF3 来完成。

　　（3）液压泵电动机 M3　由接触器 KM4、KM5 控制其正反转。热继电器 KH2 用于过载保护，短路保护由断路器 QF3 来完成。液压泵电动机的主要作用是通过液压装置提供液压油，实现摇臂钻床中的摇臂和立柱的松开和夹紧。

　　（4）冷却泵电动机 M4　由断路器 QF2 控制，由于功率小，故不设过载保护。

　　（四）控制电路分析

　　1. 开机前的准备工作

　　该钻床带有开门断电功能，所以送电前需要将配电柜门需关好，门控开关 SQ4 动作（断开），方能接通电源。控制电路的电源由控制变压器 TC 二次侧输出 110V 电压提供。在正常工作时，将钥匙开关 SB1 转换到接通位置，合上断路器 QF3 及电源开关 QF1，电源指示灯 HL1 亮，表示钻床已带电。信号回路的电源由控制变压器 TC 二次侧输出 6V 电压提供；照明回路的电源由控制变压器 TC 二次侧输出 24V 电压提供，由照明开关控制照明灯 EL。

　　2. 主轴电动机 M1 控制

　　按下起动按钮 SB3，接触器 KM1 线圈得电，KM1 主触头闭合，主轴电动机 M1 运转，同时 KM1 常开闭合自锁，KM1 常开触头闭合，主轴工作指示灯 HL2 亮，表示主轴电动机运转。按下停止按钮 SB2，接触器 KM1 线圈断电，主轴电动机 M1 停止运转，主轴工作指示灯 HL2 熄灭。

3. 摇臂升降电动机控制 M2 的控制

图 3-2-4 所示为 Z3050 型摇臂钻床摇臂升降控制电气原理图。

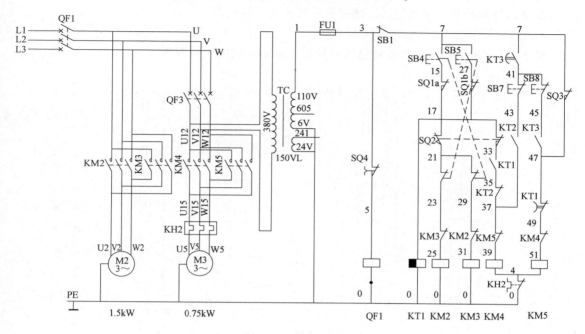

图 3-2-4　Z3050 型摇臂钻床摇臂升降控制电气原理图

按下起动按钮 SB4，时间继电器 KT1 线圈获电，KT1 瞬时常开触头闭合（17 区），接触器 KM4 线圈得电，KM4 主触头闭合，液压泵电动机 M3 正转，供给液压油，通过机械传动，将摇臂松开，供给液压油的同时，液压缸体活塞运动，活塞上的弹簧片触动行程开关 SQ2，行程开关 SQ2 动作，其常闭触头断开，接触器 KM4 线圈失电，KM4 主触头断开，液压泵电动机 M3 断电，液压停止工作，行程开关 SQ2 常开触头闭合，接触器 KM2 线圈得电，KM2 主触头闭合，摇臂升降电动机 M2 正转，带动摇臂上升。如果此时摇臂尚未松开，则行程开关 SQ2 常开触头不闭合，KM2 不吸合，摇臂不会上升。当摇臂上升到所需位置时，松开起动按钮 SB4，则接触器 KM2 和时间继电器 KT1 线圈同时断电，摇臂升降电动机 M2 停止运转。由于时间继电器 KT1 是断电延时，故经过 1～3s 时间延时后，其常闭触头延时触头闭合（18 区），接触器 KM5 线圈得电，KM5 主触头闭合，液压泵电动机 M3 反转，供给液压油，通过机械传动，将摇臂夹紧，供给液压油的同时，液压缸体活塞运动，活塞上的弹簧片触动行程开关 SQ3，SQ3 常闭触头断开，接触器 KM5 线圈断电，液压泵电动机 M3 断电，实现了摇臂的松开—上升—夹紧的整个动作过程。摇臂的下降和摇臂的上升工作原理相同，起动按钮由 SB4 改成 SB5 就可以了，实现了摇臂的松开—下降—夹紧的整个动作过程。

组合开关 SQ1a 和 SQ1b 用作摇臂升降的超程限位保护开关。当摇臂上升到极限位置时，组合开关 SQ1a 动作，接触器 KM2 线圈断电，摇臂升降电动机 M2 停止转动，摇臂停止上升。当摇臂下降到极限位置时，组合开关 SQ1b 动作，接触器 KM3 线圈断电，摇臂升降电动机 M2 停止转动，摇臂用作下降。

摇臂的松开和夹紧由行程开关 SQ3 控制，如果液压系统出现故障，或者行程开关 SQ3

安装位置调整不当，液压泵电动机 M3 会长期带电，造成电气事故或损坏电器元件，故设置热继电器 KH2 作为其过载保护。

摇臂的升降控制采用接触器、按钮双重联锁正反转控制。

4. 立柱和主轴箱的夹紧与放松 M3 控制

图 3-2-5 所示为 Z3050 型摇臂钻床立柱和主轴箱控制电气原理图。

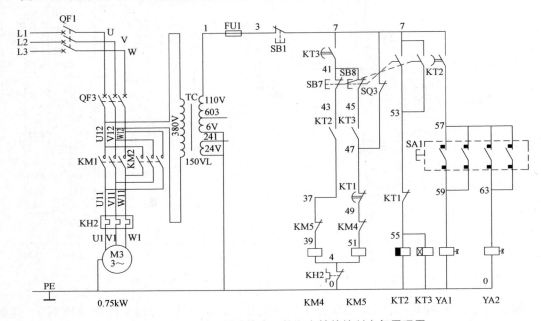

图 3-2-5 Z3050 型摇臂钻床立柱和主轴箱控制电气原理图

立柱和主轴箱的夹紧与放松可同时进行，也可单独进行，由转换开关 SA1 来实现转换，按动起动按钮 SB6、SB7 来进行控制。转换开关 SA1 有三个位置，扳到中间位置时，立柱和主轴箱同时松开或夹紧，扳到左边时，立柱松开或夹紧，扳到右边时，主轴箱松开或夹紧。起动按钮 SB6 为松开按钮，起动按钮 SB7 为夹紧按钮。

（1）立柱和主轴箱同时松开与夹紧　将转换开关 SA1 扳到中间位置，按下起动按钮 SB6（松开），时间继电器 KT2、KT3 线圈同时获电。断电延时型时间继电器 KT2 延时断开常开触头瞬时闭合，电磁铁 YA1、YA2 同时获电吸合，而通电延时型时间继电器 KT3 延时闭合常开触头延时 1~3s 后闭合，接触器 KM4 线圈得电，液压泵电动机 M3 正转，供给液压油，使立柱和主轴箱同时松开。

立柱和主轴箱同时夹紧的工作原理与松开相同，只要将起动按钮 SB6（松开按钮）换成起动按钮 SB7（夹紧按钮），接触器 KM4 换成接触器 KM5 就可以了，液压泵电动机 M3 由正转换成反转即可。

（2）立柱和主轴箱分别松开与夹紧

1）主轴箱的松开控制：将转换开关 SA1 扳到右边时，按起动按钮 SB6（松开），时间继电器 KT2 和 KT3 线圈同时获电，电磁铁 YA2 获电吸合，即可实现主轴箱单独松开。松开按钮 SB6，时间继电器 KT2 和 KT3 线圈同时断电，KT3 的延时常开触头瞬时断开，接触器 KM4 线圈断电，液压泵电动机停转，经过 1~3s 延时，断电时间继电器 KT2 的延时常开触头延时断开，电磁铁 YA2 断电释放，主轴箱单独松开操作结束。

主轴箱夹紧控制的工作原理与松开相同，只要将起动按钮 SB6（松开按钮）换成起动按钮 SB7（夹紧按钮），接触器 KM4 换成接触器 KM5 就可以了，液压泵电动机 M3 由正转换成反转即可。

2）立柱的松开和夹紧控制：同理，将转换开关 SA1 扳到左边位置时，电磁阀 YA1 工作。按上述控制过程，就可实现立柱的单独松开和夹紧。因为立柱和主轴箱的松开与夹紧是短时间的工作，故采用点动控制。

表 3-2-1 为 LW6—2/8071 型转换开关触头闭合表（SA1）。

表 3-2-1　LW6—2/8071 型转换开关触头闭合表（SA1）

开关触头号	30°（左）	0°（中间）	30°（右）
1—2			×
3—4			×
5—6		×	
7—8		×	
9—10	×		
11—12	×		
备注	立柱松开或夹紧	立柱、主轴箱同时松开或夹紧	主轴箱松开或夹紧

三、技能训练

（一）Z3050 型摇臂钻床典型故障分析

1. 摇臂不能上升，但能下降

（1）故障现象　按下起动按钮 SB5，摇臂可以下降，但按下起动按钮 SB4，摇臂不能上升。

（2）故障分析　从故障现象中可以判断出摇臂升降电动机 M2、主电路电源、控制电路 110V 电源是正常的，故障可从以下几个方面分析。

1）检查上升起动按钮 SB4 触头或接线是否良好。

2）检查行程开关 SQ1a 触头或接线是否良好。

3）检查行程开关 SQ2 触头或接线是否良好。

4）检查起动按钮 SB5 常闭触头或接线是否良好。

5）检查接触器 KM2 线圈或接线是否良好。

6）检查接触器 KM3 常闭触头或接线是否良好。

7）主电路中接触器 KM2 主触头或接线是否良好。

8）液压、机械部分、液压油路是否堵塞。

（3）故障检查　采用电压测量法、电阻测量法进行故障检查。

1）采用电压测量法检查主电路和控制电路。

2）采用电阻测量法检查各电器元件的触头和接线是否良好。

2. 摇臂升降后，摇臂夹不紧

（1）故障现象　摇臂升降后，摇臂夹不紧。

（2）故障分析　从摇臂夹紧的动作过程可知，夹紧动作的结束是由位置开关 SQ3 来控制完成的。如果位置开关 SQ3 动作过早，液压泵电动机 M3 尚未夹紧就停转。常见的故障原因可能是位置开关 SQ3 安装位置不合适，或者固定螺钉松动造成位置开关 SQ3 移动，使位置开关 SQ3 在摇臂夹紧动作尚未完成时就被压上，使其动作，切断了接触器 KM5 线圈回路，使液压泵电动机 M3 停转。

（3）故障检查　首先判断是液压系统的故障（如：活塞杆阀芯卡死或者油路堵塞造成的夹紧力不够），还是电气系统的故障，对电气方面的故障，应重新调整位置开关 SQ3 的动作距离，固定好螺钉即可。

检查过程中，可采用电压测量法和电阻测量法。

3. 摇臂上升或下降限位保护开关失灵

（1）故障现象　摇臂上升或下降到极限位置时，限位保护开关 SQ1a、SQ1b 不起作用。

（2）故障分析　限位保护开关 SQ1 的失灵可分为两种情况，一种是限位保护开关 SQ1 损坏，SQ1 触头不能因开关动作而断开或接触不良使线路断开，由此使摇臂不能上升或下降；第二种是限位保护开关 SQ1 不能动作，触头熔焊，使线路始终处于接通状态。

（3）故障检查　当发生上述情况时，应立即松开上升按钮 SB4 或下降按钮 SB5，检查或更换限位保护开关 SQ1 即可。

4. 其他故障分析

其他故障分析见表 3-2-2 所示。

表 3-2-2　其他故障分析

故障现象	故障原因	处理方法
所有电动机都不能起动	进线电源无电压,电源开关 QF1 损坏;熔断器 FU1 熔断;断路器 QF3 损坏;控制变压器 TC 烧坏	检修或更换断路器 SQ1、SQ3;检查或更换熔断器熔体
主轴电动机 M1 不能起动	接触器 KM1 主触头闭合接触不良;热继电器 KH1 常闭触头接触不良;停止按钮 SB2 常闭触头接触不良;起动按钮 SB3 常开触头接触不良	检修接触器 KM1 主触头;检查热继电器 KH1 常闭触头;检修停止按钮 SB2 常闭触头;检修起动按钮 SB3 常开触头
摇臂不能下降	接触器 KM3 主触头闭合接触不良;摇臂上升按钮 SB4 常开触头接触不良;SQ2 常开触头闭合不好;接触器 KM2 常闭触头闭合不好;下降按钮 SB5 常开触头闭合不好	根据情况采取相应的修复措施
立柱和主轴箱不能松开或夹紧	时间继电器 KT1 瞬时常闭触头闭合不好;转换开关 SA1 可能损坏	检查时间继电器 KT1 瞬时常闭触头;检修或更换转换开关 SA1

（二）Z3050 型摇臂钻床电气故障排除训练

1. 训练内容

对 Z3050 型摇臂钻床电气控制线路的故障进行检修、分析及排除。

2. 设备、工具及仪表

（1）设备　Z3050 型摇臂钻床电气控制模拟装置。

（2）工具　验电器、尖嘴钳、螺钉旋具等。

（3）仪表　万用表、500V 绝缘电阻表等。

3. 训练过程

1）熟悉 Z3050 型摇臂钻床电气模拟装置，了解装置的基本操作，明确各电器的位置和作用。

2）检查电气模拟装置上电器元件的接线是否牢固，熔断器是否完好，并完成负载的接线，安装好接地线。

3）将电气模拟装置下垫好绝缘垫，并将各开关置于断开位置。

4）在老师的监督下，接上三相电源，将配电柜门开关 SQ4 动作，合上断路器 QF1、QF3，电源指示灯 HL1 灯亮。

5）电气模拟装置操作训练。

① 主轴起动：按下起动按钮 SB3，接触器 KM1 线圈得电，KM1 主触头闭合，主轴电动机 M1 运转，同时 KM1 常开触头闭合自锁，KM1 常开触头闭合，主轴工作指示灯 HL2 亮，表示主轴电动机运转。按下停止按钮 SB2，接触器 KM1 线圈断电，主轴电动机 M1 停止运转，主轴工作指示灯 HL2 熄灭。

② 摇臂升降起动：按下上升按钮 SB4，时间继电器 KT1 线圈获电，KT1 常开触头闭合，接触器 KM4 线圈得电，KM4 主触头闭合，液压泵电动机 M3 正转，将摇臂松开，行程开关 SQ2 动作，其常闭触头断开，接触器 KM4 线圈失电，KM4 主触头断开，液压泵电动机 M3 断电，液压停止工作，行程开关 SQ2 常开触头闭合，接触器 KM2 线圈得电，KM2 主触头闭合，摇臂升降电动机 M2 正转，带动摇臂上升。当摇臂上升到所需位置时，松开起动按钮 SB4，则接触器 KM2 和时间继电器 KT1 线圈同时断电，摇臂升降电动机 M2 停止运转。由于时间继电器 KT1 是断电延时，经过 1~3s 时间延时后，其常闭触头延时闭合，接触器 KM5 线圈得电，KM5 主触头闭合，液压泵电动机 M3 反转，将摇臂夹紧，活塞上的弹簧片触动行程开关 SQ3，SQ3 常闭触头断开，接触器 KM5 线圈断电，液压泵电动机 M3 断电。

摇臂的下降和摇臂的上升操作原理相同，上升按钮由 SB4 改成下降按钮 SB5 就可以了。

③ 立柱和主轴箱（同时松开或夹紧）起动：将转换开关 SA1 扳到中间位置，按下松开按钮 SB6（夹紧按钮 SB7），时间继电器 KT2、KT3 线圈同时获电。断电延时型时间继电器 KT2 延时常开触头瞬时闭合，电磁铁 YA1、YA2 同时获电吸合，而通电延时型时间继电器 KT3 延时常开触头延时 1~3s 后闭合，接触器 KM4 线圈得电，液压泵电动机 M3 正转，供给液压油，使立柱和主轴箱同时松开。

立柱和主轴箱同时夹紧的工作原理与松开相同，只要将松开按钮 SB6 换成夹紧按钮 SB7，接触器 KM4 换成接触 KM5 就可以了，液压泵电动机 M3 由正转换成反转即可。

立柱和主轴箱分别松开和夹紧操作，只要将转换开关 SA1 扳到左边，电磁阀 YA1 动作，是立柱的松开和夹紧控制；转换开关 SA1 扳到右边，电磁阀 YA2 动作，是主轴箱的松开和夹紧控制。

6）首先在掌握了电气模拟装置的基本操作后，按原理图所示，由指导老师在 Z3050 型摇臂钻床电气模拟装置主电路或控制电路上设置 3 个电气故障点，由学生自己检查电路，分析、排除故障，并在电气原理图上标注故障范围和故障点。

7）设置故障点时，应做到隐蔽，故障现象尽可能不要相互掩盖。不设置容易造成人身和设备事故的各种点。

8）排除故障时，学生应根据故障现象，依据电路图用逻辑分析法初步确定故障范围，并在电路图中标出最小故障范围。

9）查出故障后，必须修复故障点，不得采用更换电器元件、借用触头及改动线路的方法。

10）检修时，严禁扩大故障范围或产生新的故障，不得损坏电器元件。

4. 注意事项

1）设备操作时，做到安全第一。进行故障排除训练时，尽量采用不带电检修，若带电检修，必须有指导老师在现场监护。

2）安装电源线、电动机线、接地线时，必须仔细查看各接线端，有无螺钉松动或脱落，以免通电后发生触电意外或损坏电器。

3）学生在操作中若发生不正常声响，应立即断电，查明原因。不正常声响主要来自电动机断相运行，接触器、继电器吸合不正常等。

4）熔断器熔芯熔断，应找出故障原因，再更换同规格熔芯。

5）实训结束后，应切断电源，将模拟设备上各开关置于断开位置。

6）检修时，所用工具、仪表应符合所用要求。

7）认真做好实训记录，包括在原理图上标注故障范围、故障点、故障现象等。

➢【课题小结】

本课题的内容结构如下：

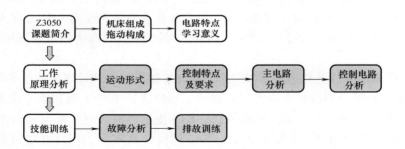

说明：

（1）本课题是摇臂钻床最具代表性的控制案例，学习掌握本课题的内容，有利于帮助学生了解钻床工作原理，巩固前面典型案例的综合应用能力，进而培养学生分析问题、解决问题的能力。

（2）教学过程中应循序渐进，通过参观设备并结合实际进行讲授，注意培养学生的学习兴趣。

（3）蓝色框内为本课题的重点内容，应进行重点讲解和指导。

（4）在技能训练过程中，教师要加强巡回指导，及时帮助学生解决问题。

（5）在故障排除过程中，教师要加强监管，预防触电事故的发生。

➢【效果测评】

根据本课题学习内容，按照表 3-2-3 所列内容，对教学效果进行测评，检验教学达标情况。

表 3-2-3 考核评分记录表

考核目标	考核内容	考核要求	评分标准	配分	自评	互评	师评
知识目标（45分）	机床组成及拖动构成	掌握机床的主要组成及电力拖动组成部分	机床主要组成5分；拖动主要构成5分	10			
	电气控制主要特点	包括哪些典型控制环节等	完整准确，无遗漏。遗漏一个典型环节扣2分，扣完为止	5			
	运动形式	熟悉运动形式和作用	运动形式3分；作用2分	10			
	电气控制特点和要求	熟悉电气控制特点和要求	控制特点3分；控制要求2分	10			
	工作原理分析	能够熟练分析电气原理图工作原理	主电路5分；控制电路10分	10			
能力目标（50分）	主轴电动机不能起动	掌握故障分析方法、检查方法	故障分析（标注故障范围）5分；故障检查和排除5分	10			
	摇臂不能上升但能下降	掌握故障分析方法、检查方法	故障分析（标注故障范围）5分；故障检查和排除5分	10			
	摇臂升降后夹不紧	掌握故障分析方法、检查方法	故障分析（标注故障范围）5分；故障检查和排除5分	10			
	摇臂升降保护开关失灵	掌握故障分析方法、检查方法	故障分析（标注故障范围）5分；故障检查和排除5分	10			
	其他故障分析	掌握故障分析方法、检查方法	故障分析（标注故障范围）5分；故障检查和排除5分	10			
安全文明（5分）		劳保用品穿戴符合劳动保护相关规定；现场使用符合安全文明生产规程		5			
总分				100			

说明：设备故障由教师在模拟控制装置上进行设置，然后由学生进行分析并加以排除。

课题三 M7475B 型磨床电气控制

磨床是用砂轮的周边或端面进行机械加工的重要机床。磨床的种类很多，根据用途不同可分为平面磨床、内圆磨床、外圆磨床、无心磨床以及螺纹磨床、球面磨床、齿轮磨床和导轨磨床等专业磨床。M7475B 型平面磨床的电气控制是比较典型和具有代表性的一种控制方式，包含了正反转控制、丫/△减压起动控制及双速电动机控制的综合运用。

➤【教学目标】

知识目标：

（1）了解和熟悉 M7475B 型平面磨床的主要组成。

（2）了解和熟悉 M7475B 型平面磨床的拖动构成及其特点。

（3）了解和熟悉 M7475B 型平面磨床电气控制系统中典型环节的运用。

（4）了解和熟悉 M7475B 型平面磨床的运动方式、控制特点和基本要求。

能力目标：

（1）能够起动和操作 M7475B 型平面磨床。

（2）根据 M7475B 型平面磨床电气原理图，熟练掌握主电路的控制特点。

（3）根据 M7475B 型平面磨床电气原理图，熟练分析控制电路的工作原理。

（4）掌握 M7475B 型平面磨床的电气故障分析思路和排故方法。

➤【教学任务】

课题简介；工作原理分析；故障分析及排故技能训练。

➤【教·学·做】

一、课题简介

M7475B 型平面磨床是生产车间常见的一种磨削设备，用于对工件表面进行打磨达到相应的工艺技术要求。它主要由床身、立柱、圆工作台、磨头架等部分组成，分别由五台电动机进行驱动，其中有砂轮电动机 M1，工作台转动电动机 M2，工作台移动电动机 M3，磨头升降电动机 M4，冷却泵电动机 M5。电气控制系统中，有电动机正反转控制，有丫/△减压起动控制，有双速电动机控制，还有电磁吸盘控制，这是一个较为复杂的典型控制案例。学习和掌握 M7475B 型平面磨床的电气控制方法以及故障分析和维修技能，对学习和掌握复杂设备的电气控制具有举一反三的作用。

二、工作原理分析

M7475B 型平面磨床电气控制原理图如图 3-3-1 所示。

（一）运动形式

M7475B 型平面磨床的运动形式包括砂轮机的旋转磨削运动、工作台（双速）旋转带动工件做圆周旋转运动；工作台左右移动带动工件做进给运动；砂轮磨头做垂直升降切入运动；冷却泵电动机提供加工所需切削液。

1）主运动：砂轮电动机 M1 带动砂轮做旋转运动。

2）进给运动：工作台转动电动机 M2 驱动圆工作台做旋转运动，工作台移动电动机 M3 带动工作台左右移动，实现进给运动。

3）辅助运动：砂轮磨头升降电动机 M4 带动砂轮架在立柱导轨上做上下运动。

（二）电力拖动特点及控制要求

1）运动都采用电气控制，没有液压装置。

2）砂轮电动机因电动机功率较大，采用丫/△减压起动方式。

3）工作台旋转电动机为满足加工工艺需要，采用双速电动机驱动。慢速时电动机接成△联结，快速时接成丫丫联结。

4）为保证机床安全和避免电源短路，机床在工作台转动与磨头下降、工作台快转与慢转、工作台左移与右移，磨头上升与下降的控制线路中都设有电气联锁。

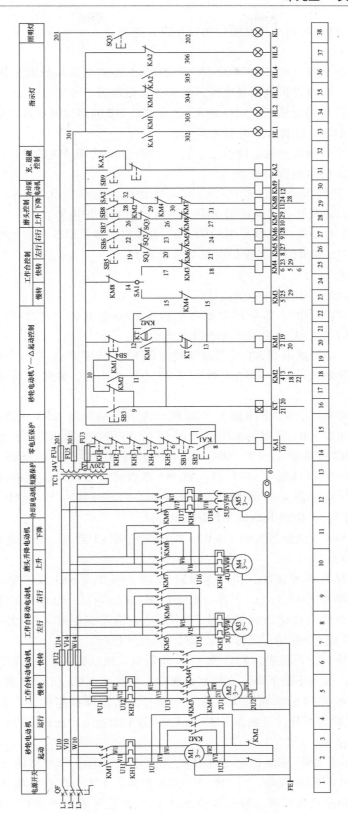

图 3-3-1　M7475B 型平面磨床电气控制原理图

5）圆工作台的电磁吸盘采用晶闸管励磁和退磁控制。

（三）主电路分析

1）M1 是砂轮电动机，KM1 和 KM2 是 M1 的丫/△起动交流接触器。M1 的过载保护电器是热继电器 KH1，短路保护电器是电源开关柜中的熔断器。

2）M2 是工作台转动电动机，KM4 和 KM3 分别是 M2 的高速与低速接触器。M2 的短路保护电器是熔断器 FU1，过载保护电器是 KH2。

3）M3 是工作台移动电动机，能够正反转。KM5 和 KM6 是 M3 的正、反转起停接触器，热继电器 KH3 是 M3 的过载保护电器。

4）M4 是磨头升降电动机，也是一台双向电动机，功率为 0.75kW。接触器 KM7 和 KM8 分别控制 M4 的正反转。热继电器 KH4 是 M4 的过载保护电器。

5）M5 是冷却泵电动机，KM9 是 M5 的起动与停止接触器，KH5 是 M5 的过载保护电器。

6）M3、M4、M5 共用的短路保护电器是熔断器 FU2。

（四）控制电路分析

1. 砂轮电动机 M1 的起动与停止控制

合上开关 QS，按下 SB2，零电压保护继电器 KA1 获电自锁，其常开触头（15 区）闭合，电源指示灯 HL1 亮，表示机床已处于带电状态。

按下按钮 SB3，时间继电器 KT 线圈以及接触器 KM1 线圈获电（8—SB3—9—KT 线圈；8—SB3—9—KT 常闭触头—13—KM1 线圈），KM1 主触头闭合，砂轮电动机 M1 绕组接成丫联结减压起动。

经过时间继电器延时，KT 常闭触头（20 区）断开，接触器 KM1 线圈断电，砂轮电动机断电惯性运转，同时 KM1 常闭触头闭合（19 区），时间继电器 KT 常开触头（20 区）延时闭合，接触器 KM2 线圈获电（8—SB4—12—KT 延时常开触头—9—SB3 常闭触头—10—KM1 常闭触头—11—KM2 线圈），砂轮电动机 M1 绕组接成△联结，同时接触器 KM2 常开触头闭合（22 区），接触器 KM1 线圈获电（8—SB4—12—KM2—13—KM1 线圈），接触器 KM1、KM2 主触头闭合，砂轮电动机 M1 全压运行。

停车时，按下 SB4，接触器 KM1、KM2、时间继电器 KT 断电，砂轮电动机停转。

2. 工作台转动控制

工作台转动控制有两种速度，由开关 SA1 控制。将开关 SA1 扳到低速位置，接触器 KM3 通电，由于接触器 KM4 无电，工作台电动机 M2 成△联结，电动机低速旋转。

若将开关 SA1 扳到高速位置，接触器 KM4 通电，由于接触器 KM3 无电，KM4 的触头将工作台电动机 M2 成丫丫联结，工作台电动机 M2 高速旋转。

若将开关 SA1 扳到中间位置，KM3 和 KM4 均断电，电动机 M2 和工作台停转。

工作台转动时，磨头不能下降，在控制线路中，串接了 KM3 和 KM4 的动断触头。只要工作台转动，KM3 和 KM4 的动断触头总有一个断开磨头下降控制线路。而当磨头下降时，接触器 KM8 的常闭触头断开，接触器 KM3 和 KM4 都不能通电，所以工作台不能转动。

3. 工作台移动控制

按下 SB5，接触器 KM5 获电，电动机 M3 正向旋转，工作台向左移动（退出）。

按下 SB6，接触器 KM6 获电，电动机 M3 反向旋转，工作台向右移动（开入）。

工作台左右移动是点动控制。限位开关 SQ1 和 SQ2 是终端保护元件，当工作台撞击限位开关 SQ1 或 SQ2 时，工作台控制线路断电，工作台停止左右移动。

4. 磨头上升与下降控制

按下 SB7，接触器 KM7 获电，电动机 M4 正向旋转，磨头向下移动。

按下 SB8，接触器 KM8 获电，电动机 M4 反向旋转，磨头向上移动。

磨头左右移动是点动控制。限位开关 SQ3 是终端保护元件，当磨头撞击限位开关 SQ3 时，磨头控制线路断电，磨头停止上下移动。

5. 冷却泵电动机 M5 的控制

将开关 SA2 接通，接触器 KM9 获电，电动机 M5 运转，断开 SA2，KM9 断电，电动机 M5 停转。

6. 电磁吸盘的控制

磨床在进行加工时，要求工作台将工件牢牢吸住。磨床圆形工作台的电磁吸盘采用晶闸管可控整流控制励磁和退磁过程。图 3-3-2 所示为电磁吸盘的励磁和退磁控制电气原理图。

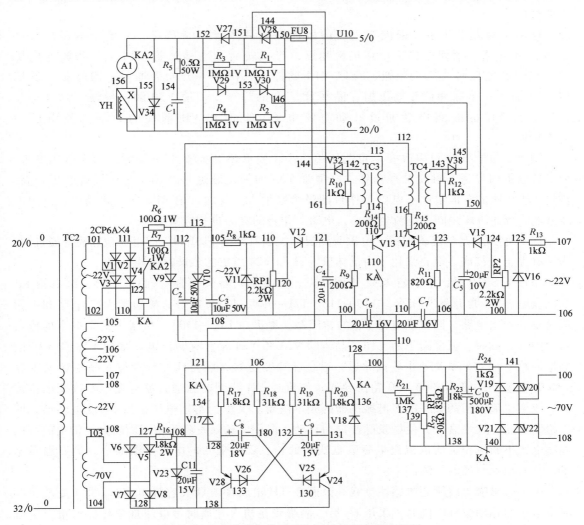

图 3-3-2　电磁吸盘的励磁和退磁控制电气原理图

（1）电磁吸盘的励磁过程　电磁吸盘 YH 的励磁电流由晶闸管可控整流控制。

按下 SB9，中间继电器 KA2 线圈获电，继电器 KA 线圈断电，继电器 KA 常开触头断开（110—118、121—134、123—135），使晶体管 V13 不能工作，由晶体管 V23、V24 等组成的多谐振荡器的输出电路被断开，只有晶体管 V14 在工作。

晶体管 V14 的发射极与基极间有两个输入电压，一个由 70V 交流电经单相桥式整流、电容 C_{10} 滤波后，从电位器 RP3 上获得给定电压，另一个是从电位器 RP2 及硅二极管 V15 方面传输过来的锯齿波电压。锯齿电压的形成，是由同步电源的 22V 交流电压经稳压管 V16 削波后成为梯形波电压加在电位器 RP2 上面。梯形波电压的正半周通过硅二极管 V15 对电容 C_5 进行充电，使 C_5 两端电压逐渐上升。在同步电源电压负半周时，稳压管正偏导通，好似一只硅二极管，电源电压几乎全部降在电阻 R_{13} 上，此时，从电位器 RP2 上取出的反向电压不到 0.7V，二极管 V15 截止而阻断了电路，所以电容 C_5 就通过电阻 R_{11} 放电，使 C_5 两端电压逐渐下降。这样，通过 C_5 对 R_{11} 放电，在 C_5 与 R_{11} 两端就形成一个锯齿波电压。

这两个输入电压中，锯齿波电压的极性是使晶体管 V14 截止，而给定电压的极性则使 V14 导通。这两个输入电压极性相反，经比较后加在晶体管 V14 上，当给定电压大于锯齿波电压时，V14 导通，反之 V14 就截止。在 V14 开始导通时，通过脉冲变压器 TC4 输出一个脉冲信号电压加在晶闸管 V30 的门极上，使 V30 触发导通。这样，在电磁吸盘 YH 的线圈中就通过脉动直流电流，此时在 YH 两端的脉动直流电压约为 100V。

调节电位器 RP3 可以改变给定电压的大小。当 RP3 滑动触头下移时，给定电压增大，使晶体管提前导通，触发脉冲前移，晶闸管 V30 的触发延迟角减小，输出直流电压升高，流过 YH 线圈的电流增大，电磁工作台的吸力也增大。反之，把 RP3 向上移动时，给定电压减小，流过 YH 线圈的电流也减小，电磁工作台的吸力也相应减小。

（2）电磁吸盘的退磁控制　电磁吸盘退磁控制只要按下 SB10，即可自动完成退磁过程。为了确保退磁彻底，电路采用了由晶体管 V23 和 V24 组成的多谐振荡器电路。

当按下 SB10 时，继电器 KA2 线圈断电，KA2 常闭触头闭合（111—135），继电器 KA 线圈获电，KA 常开触头闭合（110—118、121—134、123—135），接通了 V13 电路和多频振荡器的输出电路，同时继电器 KA 的常闭触头断开（139—140），切断了给定电压的输入直流电源。此时，振荡器不断工作，晶体管 V23 和 V24 轮流有输出电压加到 V13 和 V14 的基极回路上，V13 和 V14 也轮流导通，通过脉冲变压器将触发脉冲分别加在晶闸管 V28 和 V30 的门极上，使 V28 和 V30 轮流导通，使流过 YH 线圈的脉动直流电流不断改变电流方向，改变电流方向的频率由多谐振荡器的频率决定。又因为给定电压是由 C_{10} 放电供给，所以给定电压将逐渐衰减，使触发脉冲向后移动，晶闸管的触发延迟角不断增大，输出的可控整流电压不断减小，所以流过电磁吸盘线圈的正、反向交变的电流逐渐减小，最后趋向于零，从而达到退磁的目的。

由于电磁吸盘线圈是电感性负载，因而在 YH 电路中并联大容量电容 C_1 进行滤波，以减小电压的脉动成分。同时，采用 C_1 后，晶闸管在初次导通时过电流现象比较严重，所以电路中采用了快速熔断器 FU6 作过电流保护。

三、技能训练

（一）M7475B 型平面磨床电气故障分析

（1）电动机不能起动　检查热继电器是否已动作，若其中一台电动机过载，控制回路将断电。此外，检查零电压保护继电器 KA1 能否正常动作。

（2）工作台电动机 M2、自给电动机 M6 不能起动　电磁吸盘吸力不足，电流继电器 KA 不能吸合，使继电器 KA3 接通电源，其常闭断开，导致 M2 和 M6 断电。

（3）电磁吸盘不能退磁。

1）继电器 KA2 常闭接触不良，多谐振荡器的电压无法输出给 V1、V2，或者 V11 发射极没有接通，导致 TC3、TC4 输出脉冲混乱。

2）接触器 KM12 和继电器 KA4 的触头接触不良，晶闸管 V5 没有投入工作，因而流过 YH 的电流仍然是单方向的。

3）晶闸管损坏，无法正常触发。

（二）M7475B 型平面磨床电气故障排除训练

1. 训练内容

对 M7475B 型平面磨床电气控制线路的故障进行检修、分析及排除。

2. 设备、工具及仪表

（1）设备　M7475B 型平面磨床电气控制模拟装置。

（2）工具　验电器、尖嘴钳、螺钉旋具等。

（3）仪表　万用表、500V 绝缘电阻表等。

3. 训练过程

1）熟悉 M7475B 型平面磨床电气模拟装置，了解装置的基本操作，明确各电器的位置和作用。

2）检查电气模拟装置上电器元件的接线是否牢固，熔断器是否完好，并完成负载的接线，安装好接地线。

3）在模拟装置下垫好绝缘垫，将模拟装置上各开关置于断开位置。

4）在老师的监督下，接上三相电源。

5）电气模拟装置操作训练。

▶【课题小结】

本课题的内容结构如下：

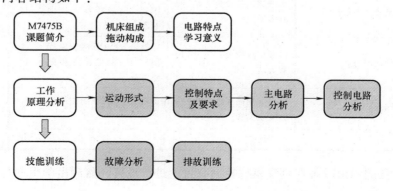

说明：

（1）本课题是机床控制最具代表性的控制案例，学习掌握本课题的内容，有利于帮助学生了解复杂控制电路的控制特点和控制方法，培养学生分析问题、解决问题的能力。

（2）教学过程中应循序渐进，通过参观设备并结合实际进行讲授，注意培养学生的学习兴趣。

（3）蓝色框内为本课题的重点内容，应进行重点讲解和指导。

（4）在技能训练过程中，教师要加强巡回指导，及时帮助学生解决问题。

（5）在故障排除过程中，教师要加强监管，预防触电事故的发生。

➤【效果测评】

根据本课题学习内容，按照表 3-3-1 所列内容对教学效果进行测评，检验教学达标情况。

表 3-3-1　考核评分记录表

考核目标	考核内容	考核要求	评分标准	配分	自评	互评	师评
知识目标（45分）	机床组成及拖动构成	掌握机床的主要组成及电力拖动组成部分	机床主要组成 5 分；拖动主要构成 5 分	10			
	电气控制主要特点	包括哪些典型控制环节	完整准确，无遗漏，遗漏一个典型环节扣 2 分，扣完为止	5			
	运动形式	熟悉运动形式和作用	运动形式 3 分；作用 2 分	5			
	电气控制特点和要求	熟悉电气控制特点和要求	控制特点 3 分；控制要求 2 分	5			
	工作原理分析	能够熟练分析电气原理图工作原理	主电路 5 分；控制电路 10 分；电磁吸盘控制电路 5 分	20			
能力目标（50分）	电动机不能起动	掌握故障分析方法、检查方法	故障分析（标注故障范围）5 分；故障检查和排除 5 分	10			
	M2 不能起动	掌握故障分析方法、检查方法	故障分析（标注故障范围）5 分；故障检查和排除 5 分	15			
	电磁吸盘不能退磁	掌握故障分析方法、检查方法	故障分析（标注故障范围）5 分；故障检查和排除 5 分	15			
	其他故障分析	掌握故障分析方法、检查方法	故障分析（标注故障范围）5 分；故障检查和排除 5 分	10			
安全文明（5分）		劳保用品穿戴符合劳动保护相关规定；现场使用符合安全文明生产规程		5			
总分				100			

说明：设备故障由教师在电气模拟控制装置上进行设置，然后由学生进行分析排除。

课题四　T68 型镗床电气控制

T68 型卧式镗床是一种通用的多用途金属加工机床，主要用于加工精度要求高的孔或孔与孔间距要求精确的工件，用来进行钻孔、镗孔、扩孔，还能铣削平面、端面和内外圆，属于精密加工机床。T68 型卧式镗床包含了正反转控制、双速电动机起动及主轴停车反接制动控制，是电气控制典型环节在生产设备电气控制中综合运用的一个重要课题。

➤【教学目标】

知识目标：

（1）了解和熟悉 T68 型镗床的主要组成。

（2）了解和熟悉 T68 型镗床的拖动构成及特点。

（3）了解和熟悉 T68 型镗床电气控制系统中典型环节的运用。

（4）了解和熟悉 T68 型镗床的运动方式、控制特点和基本要求。

能力目标：

（1）能够起动和操作 T68 型镗床。

（2）根据 T68 型镗床电气原理图，熟练掌握主电路的控制特点。

（3）根据 T68 型镗床电气原理图，熟练分析控制电路的工作原理。

（4）掌握 T68 型镗床的电气故障分析思路和排故方法。

➤【教学任务】

课题简介；工作原理分析；故障分析及排故技能训练。

➤【教·学·做】

一、课题简介

T68 型卧式镗床是机加工生产车间常见的一种重要加工设备，主要用于对工件内孔的精加工。它主要由床身、主轴箱、前立柱、镗头架、工作台、后立柱和尾架等组成，分别由两台电动机进行驱动，即主轴电动机 M1 和进给电动机 M2。在镗床电气控制系统中，主轴电动机 M1 为双速电动机，要求进行双速起动控制，还要能够实现正反转，并且带有主轴停车反接制动，具备快速制动功能；电动机 M2 具有正反转功能。本课题是一个较为复杂的典型控制案例。学习和掌握 T68 型卧式镗床的电气控制方法以及故障分析和维修技能，对学习和掌握复杂设备的电气控制具有重要的促进作用。

二、工作原理分析

T68 型卧式镗床电气控制原理图如图 3-4-1 所示。

（一）运动形式

T68 型卧式镗床的运动形式分为主运动、进给运动、辅助运动。

1）主运动：镗杆（主轴）旋转或平旋盘（花盘）旋转。

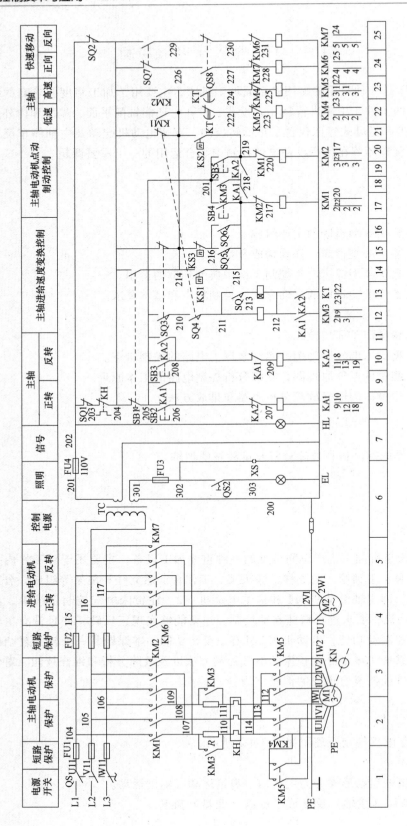

图 3-4-1　T68 型卧式镗床电气控制原理图

2）进给运动：主轴轴向（进、出）移动、主轴箱（镗头架）的垂直（上、下）移动、花盘刀具溜板的径向移动、工作台的纵向（前、后）和横向（左、右）移动。

3）辅助运动：工作台的旋转运动、后立柱的水平移动和尾架的垂直移动。

（二）电气控制特点及要求

1）由于镗床主轴调速范围较大，且要求恒功率输出，所以主轴电动机 M1 采用 $\triangle/\curlyvee\curlyvee$ 双速电动机驱动。低速时，1U1、1V1、1W1 接三相交流电源，1U2、1V2、1W2 悬空，定子绕组接成 $\triangle$ 联结，每相绕组中两个线圈串联，形成的磁极对数 $P = 2$；高速时，1U1、1V1、1E1 短接，1U2、1V2、1W2 接电源，电动机定子绕组接成双星形（$\curlyvee\curlyvee$）联结。每相绕组中的两个线圈并联，磁极对数 $P = 1$。高、低速的变换，由主轴孔盘变速机构内的行程开关 SQ 控制。

2）主轴电动机 M1 可以正、反转连续运行，也可以点动控制，点动时为低速。主轴要求快速准确制动，故采用反接制动，电器元件采用速度继电器。为限制主轴电动机的起动和制动电流，在点动和制动时，定子绕组串入电阻 R。

3）主电动机低速时直接起动，高速运行时是由低速起动延时后再自动转成高速运行，以减小起动电流。

4）在主轴变速或进给变速时，主电动机需要缓慢转动，以保证变速齿轮进入良好的接触状态。主轴和进给变速均可在运行中进行，变速操作时，主轴电动机作低速断续冲动，变速完成后又恢复运行。主轴变速时，电动机的缓慢转动是由行程开关 SQ3、SQ5 完成，进给变速时，由行程开关 SQ4、SQ6 以及速度继电器 KS 共同完成。

（三）主电路分析

主轴电动机 M1 为 $\triangle/\curlyvee\curlyvee$ 联结的双速电动机，它带动机床主轴的运动，由接触器 KM1 控制其正转电源的通断，接触器 KM2 控制其反转电源的通断，接触器 KM4 控制其低速电源的通断，接触器 KM5 控制其高速电源的通断。热继电器 KH 作为它的过载保护，电阻 R 作为反接制动及点动控制的限流电阻，接触器 KM3 作为电阻 R 的短接接触器。

快速进给电动机 M2 带动工作台快速进给，由接触器 KM6 控制其正转电源的通断，接触器 KM7 控制其反转电源的通断。由于快速进给电动机 M2 为短时间工作，故不设过载保护。

三相电源由电源开关 QS 引入，熔断器 FU1 作为电路的短路保护，又为主轴电动机 M1 的短路保护；熔断器 FU2 作为进给电动机的短路保护。

（四）控制电路分析

1. 主轴电动机的起动控制

（1）主轴电动机的点动控制　图 3-4-2 所示为 T68 型卧式镗床主轴电动机的点动控制原理图。

主轴电动机的点动控制有正转点动和反转点动，正转点动时，按下按钮 SB4，接触器 KM1 线圈得电，KM1 常开触头闭合，接触器 KM4 线圈得电，主回路电源经接触器 KM1 主触头、电阻 R、接触器 KM4 主触头接通主轴电动机 M1 的定子绕组，电动机定子绕组接成三角形，电动机低速正转。松开按钮 SB4，接触器 KM1、KM4 线圈断电，主轴电动机 M1 断电停止。

反转点动与正转点动控制过程相似，按钮 SB4 换成按钮 SB5，接触器 KM1 换成接触器

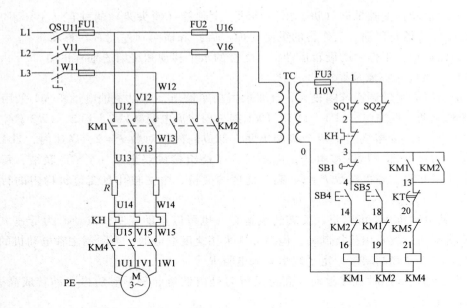

图 3-4-2　T68 型卧式镗床主轴电动机的点动控制原理图

KM2 即可。

（2）主轴电动机低速正反转控制　图 3-4-3 所示为 T68 型卧式镗床主轴电动机的正反转控制原理图。

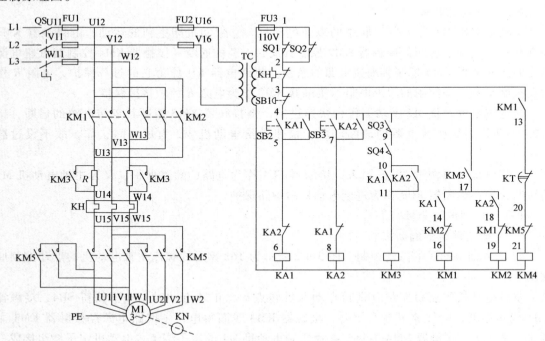

图 3-4-3　T68 型卧式镗床主轴电动机的正反转控制原理图

1）正转：按下起动按钮 SB2，中间继电器 KA1 得电，KA1 常开触头闭合，接触器 KM3 得电（此时主轴变速行程开关 SQ3 和进给变速行程开关 SQ4 已被操作手柄压合），接触器

KM3 主触头闭合，将制动电阻 R 短接，而 KM3 常开触头闭合，接触器 KM1 得电，KM1 主触头闭合，KM1 常开触头闭合，接触器 KM4 得电，KM4 主触头闭合，电动机 M1 接成△联结低速正向起动。

2）反转：按下起动按钮 SB3，中间继电器 KA2 得电，KA2 常开触头闭合，接触器 KM3 得电（此时主轴变速行程开关 SQ3 和进给变速行程开关 SQ4 已被操作手柄压合），接触器 KM3 主触头闭合，将制动电阻 R 短接，而 KM3 常开触头闭合，接触器 KM2 得电，KM2 主触头闭合，KM2 常开触头闭合，接触器 KM4 得电，KM4 主触头闭合，电动机 M1 接成△联结低速反向起动。

（3）主轴电动机 M1 的高速控制　图 3-4-4 所示为 T68 型卧式镗床主轴电动机 M1 的高速控制原理图。

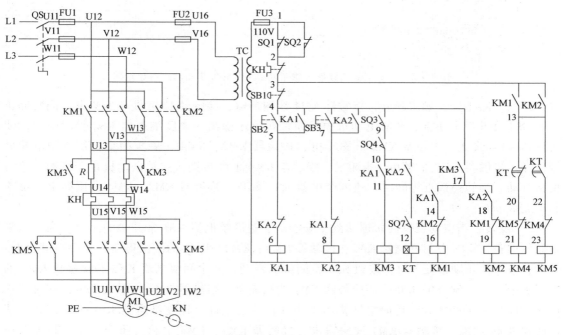

图 3-4-4　T68 型卧式镗床主轴电动机 M1 的高速控制原理图

如需要电动机在高速运行，首先通过变速手柄压合开关 SQ，然后按下起动按钮 SB2（或反转按钮 SB3），中间继电器 KA1 线圈（反转为 KA2）得电，时间继电器 KT 和接触器 KM3 的线圈同时得电，KM3 常开触头闭合，接触器 KM1（反转为接触器 KM2）线圈得电，接触器 KM1 主触头闭合；由于时间继电器 KT 两对触头延时动作，故接触器 KM4 先得电吸合，电动机 M1 接成△联结低速起动，时间继电器 KT 常闭触头延时断开，接触器 KM4 断电，KT 常开触头延时闭合，接触器 KM5 得电，电动机 M1 接成丫丫联结，以高速运行。

（4）主轴电动机 M1 的停车制动　图 3-4-5 所示为 T68 型卧式镗床主轴电动机 M1 的停车制动控制原理图。

1）正转：当电动机正转转速达到 120r/min，速度继电器 KS2 常开触头闭合，为停车制动做好准备，这时中间继电器 KA1、接触器 KM3、KM1、KM4 的线圈得电；若要电动机 M1 停车，按下停止动按钮 SB1，按钮 SB1 常闭触头断开，使中间继电器 KA1 和接触器 KM3 的

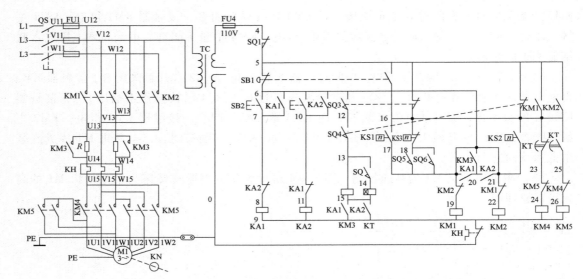

图 3-4-5　T68 型卧式镗床主轴电动机 M1 的停车制动控制原理图

线圈断电，KA1 常开触头断开，接触器 KM1 线圈断电，接触器 KM4 线圈也断电；同时停止按钮 SB1 常开触头闭合，此时电动机由于惯性转速还很高，速度继电器 KS2 仍然闭合，使接触器 KM4 线圈、接触器 KM2 线圈得电，接触器 KM2、KM4 主触头闭合，使三相电源反接后经过接触器 KM2 主触头、电阻 R、接触器 KM4 主触头接入主轴电动机定子绕组，进行反接制动。当转速接近零转时，速度继电器 KS2 断开，接触器 KM2、KM4 线圈断电，反接制动完成。

2）反转：当电动机反转转速达到 120r/min，速度继电器 KS1 常开触头闭合，为停车制动做好准备，这时中间继电器 KA2、接触器 KM3、KM2、KM4 的线圈得电；若要电动机 M1 停车，按下停止动按钮 SB1，按钮 SB1 常闭触头断开，使中间继电器 KA2 和接触器 KM3 的线圈断电，KA2 常开触头断开，接触器 KM2 线圈断电，接触器 KM4 线圈也断电；同时停止按钮 SB1 常开触头闭合，此时电动机由于惯性转速还很高，速度继电器 KS1 仍然闭合，使接触器 KM4 线圈、接触器 KM1 线圈得电，接触器 KM1、KM4 主触头闭合，使三相电源反接后经过接触器 KM1 主触头、电阻 R、接触器 KM4 主触头接入主轴电动机定子绕组，进行反接制动。当转速接近零转时，速度继电器 KS1 断开，接触器 KM1、KM4 线圈断电，反接制动完成。

主轴电动机高速时的反接制动，可自行分析。

（5）主轴变速及进给变速控制　图 3-4-6 所示为 T68 型卧式镗床主轴变速及进给变速控制原理图。

1）主轴变速控制：当主轴电动机在工作中，欲要变速，可不必按下停止按钮，直接进行变速，设主轴电动机 M1 按正转转速运转，速度继电器 KS2 闭合。将主轴变速孔盘拉出，行程开关 SQ3 常开触头断开，接触器 KM3、KM1、KM4 线圈断电，主轴电动机 M1 断电惯性运转；由于行程开关 SQ3 常闭触头闭合，使接触器 KM2 和 KM4 线圈得电，主轴电动机 M1 串接电阻 R 反接制动。当电动机转速下降到 120r/min，速度继电器 KS2 常开触头断开，主轴电动机 M1 停止，便可转动主轴变速孔盘变速，变速后，将孔盘推回原位，SQ3 重新压

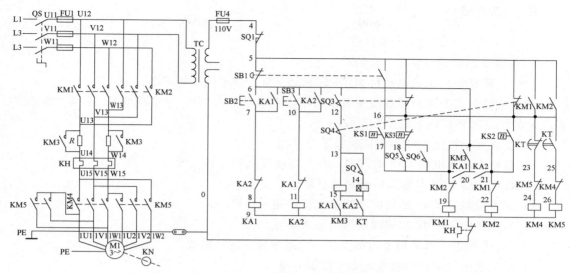

图 3-4-6　T68 型卧式镗床主轴变速及进给变速控制原理图

合，接触器 KM3、KM1、KM4 线圈得电，主轴电动机 M1 起动，主轴以新的速度运转。

若因滑移齿轮的齿和固定齿轮发生顶撞时，则孔盘不能推回原位，此时变速冲动开关 SQ5 被压合，速度继电器 KS3 常闭触头闭合，接触器 KM1 线圈得电，主轴电动机 M1 起动，当速度高于 120r/min，KS3 常闭触头断开，接触器 KM1 线圈断电，主轴电动机 M1 断电，当速度下降到 120r/min，KS2 常闭触头又闭合，从而接通电路而重复上述过程。这样，电动机间歇起动，以便齿轮啮合。齿轮啮合好后，将孔盘推回原位，压合行程开关 SQ3，SQ3 动作，行程开关 SQ5 复位，同时，由于行程开关 SQ3 常开触头闭合，主轴电动机起动旋转，从而主轴以新的速度运转。

2）进给变速控制：进给变速的操作和控制与主轴变速的操作和控制相同。只是在进给变速时，使用的电器是行程开关 SQ4、SQ6。

2. 主轴箱、工作台或主轴的快速移动

主轴的轴向与垂直进给、工作台的纵向与横向进给等的快速移动，是由快速移动电动机 M2 通过齿轮来完成的，快速移动手柄扳到正向移动，压合限位开关 SQ8，接触器 KM6 线圈得电，快速移动电动机 M2 正转起动，实现正向快速移动。将快速移动手柄扳到反向位置，限位开关 SQ7 被压合，接触器 KM7 线圈得电，快速移动电动机 M2 反向快速移动。

3. 主轴进刀与工作台联锁保护装置

为了防止镗床或刀具的损坏，采用与工作台和主轴箱进给手柄有机械联锁的行程开关 SQ1。当手柄扳到工作台自动快速进给位置时，行程开关 SQ1 被压合，同样，主轴箱的另一个行程开关 SQ2 与主轴进给手柄有机械联锁，当手柄动作时，行程开关 SQ2 断开，主轴电动机 M1 和快速移动电动机 M2 必须在行程开关 SQ1 和行程开关 SQ2 中有一个处于闭合状态下才能起动。如果工作台在自动进给时，再将主轴进给手柄扳到自动位置时，那么主轴电动机 M1 和快速移动电动机 M2 都会自动停车，从而达到联锁保护的目的。

三、实训操作

（一）T68 型卧式镗床典型故障分析

1. 主轴电动机 M1 反转不能起动

（1）故障现象　主轴电动机 M1 正转起动正常，但不能反转起动。

（2）故障分析　从故障现象中可以判断出主轴电动机 M1、主电路电源、控制电路电源是正常的，故障可从以下几个方面分析。

1）检查起动按钮 SB3 触头或接线是否良好。

2）检查中间继电器 KA2 的线圈、触头与接线是否良好。

3）检查 KA1 的常开触头接触是否良好。

4）检查接触器 KM1 的辅助常闭触头接触是否良好。

5）检查接触器 KM2 的线圈或接线是否良好。

（3）故障检查　可采用电压测量法、电阻测量法进行检查。

1）采用电压测量法检查主电路和控制电路。

2）采用电阻测量法检查各电器元件的触头和接线是否良好。

2. 主轴电动机 M1 不能高速运转

（1）故障现象　主轴电动机 M1 低速运行正常，但高速不能运转。

（2）故障分析　从故障现象中可以判断接触器 KM1、KM3、KM4 工作正常，主轴电动机 M1、主电路电源、控制电路电源正常，故障从以下几方面检查。

1）检查行程开关 SQ 是否损坏，触头接触是否良好。

2）时间继电器 KT 是否损坏。

3）时间继电器 KT 延时常开触头闭合是否可靠。

4）接触器 KM4 常闭联锁触头接触是否良好。

5）接触器 KM5 是否损坏。

（3）检查方法　可采用电压测量法、电阻测量法进行检查。

3. 主轴变速时无冲动

（1）故障现象　主轴在变速时，将孔盘推入时，主轴不能冲动，变速齿轮接触不好，主轴无法起动。

（2）故障分析　从故障现象中可以判断主轴运转正常，主电路电源、控制电路电源正常，故障从以下几方面加以检查。

1）检查行程开关 SQ3 常闭触头闭合是否良好。

2）检查速度继电器 KS3 常闭触头闭合是否良好。

3）检查行程开关 SQ5 常开触头压合时，接触是否良好。

（3）检查方法　采用电阻测量法检查各电器元件触头闭合是否良好。

（二）T68 型卧式镗床电气故障排除训练

1. 设备、工具及仪表

（1）设备　T68 型卧式镗床电气控制模拟装置。

（2）工具　验电器、尖嘴钳、螺钉旋具等。

（3）仪表　万用表、500V 绝缘电阻表等。

2. 准备过程

1）熟悉 T68 型卧式镗床电气模拟装置，了解装置的基本操作，明确各电器的位置和作用。

2）检查电气模拟装置上电器元件的接线是否牢固，熔断器是否完好，并完成负载的接线，安装好接地线。

3）在电气模拟装置下垫好绝缘垫，将模拟装置上各开关置于断开位置。

4）在老师的监督下，接上三相电源，先压合行程开关 SQ3、SQ4、SQ1（或 SQ2），合上组合开关 QS，电源指示灯 HL 灯亮。

3. 操作训练

在电气模拟装置上进行模拟操作训练。

（1）主轴电动机 M1 起动

1）低速正转：按下起动按钮 SB2，中间继电器 KA1 线圈得电，接触器 KM3、KM1、KM4 线圈得电，主轴电动机 M1 低速正转；速度继电器 KS2 闭合。低速正转停止制动：按下停止按钮 SB1，按钮 SB1 常闭触头断开，中间继电器 KA1 线圈断电，接触器 KM3、KM1、KM4 线圈断电，主轴电动机 M1 断电惯性运转；按钮 SB1 常开触头闭合，接触器 KM2、KM4 得电，主轴电动机 M1 反转，当转速低于 120r/min 时，速度继电器 KS2 断开，接触器 KM2、KM4 线圈断电，主轴电动机 M1 停止旋转，制动完成。

2）低速反转：按下起动按钮 SB3，中间继电器 KA2 线圈得电，接触器 KM3、KM2、KM4 线圈得电，主轴电动机 M1 低速反转；速度继电器 KS1 闭合。低速反转停止制动：按下停止按钮 SB1，按钮 SB1 常闭触头断开，中间继电器 KA2 线圈断电，接触器 KM3、KM2、KM4 线圈断电，主轴电动机 M1 断电惯性运转；按钮 SB1 常开触头闭合，接触器 KM1、KM4 得电，主轴电动机 M1 正转，当转速低于 120r/min 时，速度继电器 KS1 断开，接触器 KM1、KM4 线圈断电，主轴电动机 M1 停止旋转，制动完成。

3）点动正转：按下起动按钮 SB4，接触器 KM1、KM4 线圈得电，主轴电动机 M1 串电阻 R 点动低速正转。

4）点动反转：按下起动按钮 SB5，接触器 KM2、KM4 线圈得电，主轴电动机 M1 串电阻 R 点动低速反转。

5）高速正转：压合行程开关 SQ，按下起动按钮 SB2，中间继电器 KA1 线圈得电，接触器 KM3、时间继电器 KT、接触器 KM1、KM4 线圈得电，主轴电动机 M1 低速正转；经过时间继电器延时动作，接触器 KM4 断电，接触器 KM5 得电，主轴电动机 M1 高速正转；速度继电器 KS2 闭合；高速正转停止制动：按下停止按钮 SB1，按钮 SB1 常闭触头断开，中间继电器 KA1 线圈断电，接触器 KM3、时间继电器 KT、接触器 KM1、KM5 线圈断电，主轴电动机 M1 断电惯性运转；按钮 SB1 常开触头闭合，接触器 KM2、KM4 得电，主轴电动机 M1 反转，当转速低于 120r/min 时，速度继电器 KS2 断开，接触器 KM2、KM4 线圈断电，主轴电动机 M1 停止旋转，制动完成。

6）高速反转：压合行程开关 SQ，按下起动按钮 SB3，中间继电器 KA2 线圈得电，接触器 KM3、时间继电器 KT、接触器 KM2、KM4 线圈得电，主轴电动机 M1 低速反转；经过时间继电器延时动作，接触器 KM4 断电，接触器 KM5 得电，主轴电动机 M1 高速反转；速度继电器 KS1 闭合。高速反转停止制动：按下停止按钮 SB1，按钮 SB1 常闭触头断开，中间继电器 KA2 线圈断电，接触器 KM3、时间继电器 KT、接触器 KM1、KM5 线圈断电，主轴电动机 M1 断电惯性运转；按钮 SB1 常开触头闭合，接触器 KM2、KM4 得电，主轴电动机 M1 反转，当转速低于 120r/min 时，速度继电器 KS2 断开，接触器 KM2、KM4 线圈断电，主轴电动机 M1 停止旋转，制动完成。

7）主轴变速：当主轴电动机 M1 处于低速正反转或高速正反转时，这时需要主轴变速，应将行程开关 SQ3 复位，正（反）转：接触器 KM3、KM1（KM2）、KM4 或 KM5 线圈断电，主轴电动机 M1 断电惯性运转，速度继电器 KS2（反转 KS1）闭合，接触器 KM2、KM4 线圈得电，主轴电动机 M1 反转，转速低于 120r/min 时，速度继电器 KS2 断开，接触器 KM2、KM4 线圈断电，主轴变速完成，将行程开关 SQ3 压合，主轴电动机重新起动；当发生顶齿时，压合行程开关 SQ5，接触器 KM1、KM4 线圈瞬时得电，当转速高于 120r/min 时，速度继电器 KS3 断开，接触器 KM1、KM4 线圈断电。

8）进给变速：当主轴电动机 M1 处于低速正反转或高速正反转时，这时需要进给变速，应将行程开关 SQ4 复位，正（反）转：接触器 KM3、KM1（KM2）、KM4 或 KM5 线圈断电，主轴电动机 M1 断电惯性运转，速度继电器 KS1（反转 KS1）闭合，接触器 KM2、KM4 线圈得电，主轴电动机 M1 反转，转速低于 120r/min 时，速度继电器 KS2 断开，接触器 KM2、KM4 线圈断电，进给变速完成，将行程开关 SQ4 压合，主轴电动机重新起动；当发生顶齿时，压合行程开关 SQ6，接触器 KM1、KM4 线圈瞬时得电，当转速高于 120r/min 时，速度继电器 KS3 断开，接触器 KM1、KM4 线圈断电。

（2）快速移动电动机 M2 的起动　压合行程开关 SQ8，接触器 KM6 线圈得电，快速移动电动机 M2 正转；压合行程开关 SQ7，接触器 KM7 线圈得电，快速移动电动机 M2 反转。

（3）在掌握了电气模拟装置的基本操作之后，按原理图所示，由指导老师在 T68 型卧式镗床电气模拟装置主电路或控制电路上设置 3 个电气故障点，由学生自己检查电路，分析、排除故障，并在电气原理图上标注故障范围和故障点。

（4）设置故障点时，应做到隐蔽，故障现象尽可能不要相互掩盖。不设置容易造成人身和设备事故的各种点。

（5）排除故障时，学生应根据故障现象，依据电路图用逻辑分析法初步确定故障范围，并在电路图中标出最小故障范围。

（6）查出故障后，必须修复故障点，不得采用更换电器元件、借用触头及改动线路的方法。

（7）检修时，严禁扩大故障范围或产生新的故障，不得损坏电器元件。

4. 注意事项

1）设备操作时，做到安全第一。进行故障排除训练时，尽量采用不带电检修，若带电检修，则必须有指导老师在现场监护。

2）安装电源线、电动机线、接地线时，必须仔细查看各接线端，有无螺钉松动或脱落，以免通电后发生触电意外或损坏电器。

3）学生在操作中若发生不正常声响，应立即断电，查明原因。不正常声响主要来自电动机断相运行，接触器、继电器吸合不正常等。

4）熔断器熔芯熔断，应找出故障原因，再更换同规格熔芯。

5）实训结束后，应切断电源，将模拟设备上各开关置于断开位置。

6）检修时，所用工具、仪表应符合所用要求。

7）认真做好实训记录，包括在原理图上标注故障范围、故障点、故障现象等。

➤【课题小结】

本课题的内容结构如下：

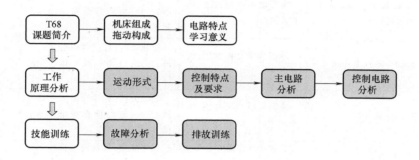

说明：

（1）本课题是机床控制最具代表性的控制案例，学习掌握本课题的内容，有利于帮助学生了解复杂控制电路的控制特点和控制方法，培养学生分析问题、解决问题的能力。

（2）教学过程中应循序渐进，通过参观设备并结合实际进行讲授，注意培养学生的学习兴趣。

（3）蓝色框内为本课题的重点内容，应重点讲解和指导。

（4）在技能训练过程中，教师要加强巡回指导，及时帮助学生解决问题。

（5）在故障排除过程中，教师要加强监管，预防触电事故的发生。

➤【效果测评】

根据本课题学习内容，按照表 3-4-1 所列内容，对教学效果进行测评，检验教学达标情况。

表 3-4-1　考核评分记录表

考核目标	考核内容	考核要求	评分标准	配分	自评	互评	师评
知识目标（45 分）	机床组成及拖动构成	掌握机床的主要组成及电力拖动组成部分	机床主要组成 5 分；拖动主要构成 5 分	10			
	拖动控制主要内容	包含哪些典型控制环节	完整准确，无遗漏，遗漏一个典型环节扣 2 分，扣完为止	10			
	运动形式	熟悉运动形式和作用	运动形式 3 分；作用 2 分	10			
	电气控制特点和要求	熟悉并掌握电气控制特点和要求	控制特点 3 分；控制要求 2 分	5			
	工作原理分析	能够熟练分析电气原理图工作原理	主电路 5 分；控制电路 10 分	10			

（续）

考核目标	考核内容	考核要求	评分标准	配分	自评	互评	师评
能力 目标 （50分）	主轴电动机 M1 反转 不能起动	掌握故障分析方法、检 查方法	故障分析（标注故障范 围）5 分；故障检查和排 除 5 分	10			
	主轴电动机 M1 不能 高速运转	掌握故障分析方法、检 查方法	故障分析（标注故障范 围）5 分；故障检查和排 除 5 分	15			
	主轴变速时无冲动	掌握故障分析方法、检 查方法	故障分析（标注故障范 围）5 分；故障检查和排 除 5 分	15			
	其他故障分析	掌握故障分析方法、检 查方法	故障分析（标注故障范 围）5 分；故障检查和排 除 5 分	10			
安全文明（5分）		劳保用品穿戴符合劳动保护相关规定；现场使用符 合安全文明生产规程		5			
总分				100			

说明：设备故障由教师在电气模拟控制装置上进行设置，然后由学生进行分析排除。

➤【思考与训练】

1. 机床电气故障检修的步骤和方法是什么？

2. 简述 CA6140 型车床电气控制电路中位置开关 SQ1、SQ2 的作用。

3. CA6140 型车床电气控制电路中，刀架快速移动电动机 M3 为什么未设过载保护？

4. Z3050 型摇臂钻床有哪两套液压控制系统？分别起到什么作用？

5. 分析 Z3050 型摇臂钻床主轴箱不能放松的原因。

6. 分析 Z3050 型摇臂钻床摇臂升降不能夹紧的原因。

7. 简述 M7475B 型平面磨床电力拖动的特点及控制要求。

8. 简述 M7475B 型平面磨床电磁吸盘的退磁原理。

9. 分析 T68 型卧式镗床主轴变速时无冲动的原因。

10. 简述 T68 型卧式镗床主轴电动机 M1 的停机及制动原理。

单元四

电气控制线路的设计

电气控制线路的设计，是技能鉴定和技能竞赛经常会遇到的考核项目，它是电气工程技术人员需要学习和掌握的一项重要技能。通过前面课题的学习，我们对电气控制技术有了一定的了解和认识，能够对电气控制线路故障进行基本的分析和处理，但对于高技能人才而言，这是远远不够的，还需要在学习过程中用心体会设计人员的设计理念和设计思路，探寻其内在的基本规律，从而系统地掌握电气控制线路的设计能力。通过本单元的学习和训练，学生能够对电气控制线路设计基本的理念、原则、方法和思路有一个全面、系统的了解和把握，对培养电气控制技术的综合应用能力具有非常重要的作用。

课题一　设计、安装、调试三台交流电动机顺序起动逆序停止电气控制线路

图 4-1-1 所示为三条传送带运输机构成的散料运输线工作示意图。

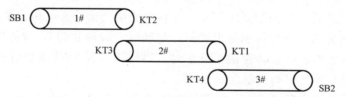

图 4-1-1　三条传送带运输机构成的散料运输线工作示意图

其控制要求如下。

1）按下起动按钮 SB2，起动顺序为 3#、2#、1#，并要有一定时间间隔，以免货物在传送带上堆积。

2）按下停止按钮 SB1，停车顺序为 1#，2#、3#，也要有一定时间间隔，保证停车后传送带上不残存货物。

3）不论 2#或 3#哪一个出故障，1#必须停机，以免继续进料，造成货物堆积。

4）应具有短路、过载、欠电压（失电压）保护等措施。

➤【学习目标】

知识目标：

（1）掌握电气控制线路一般设计法的概念及特点。

（2）掌握电气控制线路一般设计法的步骤和内容。

（3）掌握电动机选择的基本原则。

（4）掌握常用电器元件的选择原则。

能力目标：

（1）能够应用一般设计法设计本课题的电气原理图。

（2）能够列出本课题电气控制线路的电器元件型号及规格明细表。

（3）能够根据电气原理图进行正确的安装接线。

（4）掌握正确的电路调试方法。

➤【学习任务】

课题分析；相关知识；电路设计；电器元件选择；安装与调试。

➤【教·学·做】

一、课题分析

本课题是以时间原则进行控制的典型案例。通过学习本课题的设计思路和方法，能够帮助学生正确理解时间原则的控制方法，培养顺序控制的基本设计理念。

（1）拖动方式分析 从控制要求看，本课题需要三台三相异步电动机分别对 1#、2#、3#传送带进行拖动，用于散装物料的传送；拖动负载的性质为恒转矩负载，且不需进行调速；三台电动机可采用三台笼型交流异步电动机进行拖动。

（2）起动方式分析 由于三台笼型交流异步电动机功率较小，可直接起动，无须减压起动。

（3）运行方式分析 从控制要求可知，三台电动机的运行方向均为单方向运行。

（4）控制要求分析 分析控制要求可知，起动时，2#传送带和1#传送带需分别用两个通电延时型时间继电器进行起动控制；停止时，2#传送带和3#传送带可分别用两个断电延时型时间继电器进行停止时间控制。

在用户供电系统的电源选择上，应采用交流 380V，50Hz 三相四线制供电。

二、相关知识

（一）电气控制线路的一般设计法

电气线路的一般设计法又称为经验设计法（或分析设计法）。该设计法适用于不太复杂的（继电接触式）电气控制线路设计。要求设计人员必须熟悉和掌握大量基本环节和典型电路，具有丰富实际设计经验。此方法具有易于掌握，便于推广的优点，但需反复修改设计草图才能得到最佳方案。

（二）电气控制线路一般设计法的基本步骤和内容

应用一般设计法设计电气控制线路的基本步骤及内容如下。

1. 设计主电路

根据拖动方式和拖动要求，确定起动、运行及制动方式，设计主电路。

1）根据拖动方式确定是直流拖动还是交流拖动，是笼型异步电动机拖动还是绕线转子异步电动机拖动。

2）根据拖动要求，确定是直接起动还是减压起动，或是Y/△减压起动，还是其他减压起动。

 3）工作状态是单向运行还是需要正反转运行。

 4）停止时是否需要制动，是能耗制动还是电源反接制动等。

 5）主电路中是否需要短路保护和过载保护。

 2. 设计控制电路

根据控制要求及逻辑关系，逐一、依次设计各控制环节。

1）各台电动机起保停电路的设计。

2）各台电动机之间相互关系的设计。

3）时间继电器自动控制电路的设计。

 3. 设计保护环节

从保证系统安全、可靠工作角度出发，设置必要的联锁、保护环节。

1）按钮联锁与触头联锁环节的设计。

2）过电流保护环节的设计。

3）欠电压保护环节的设计。

 4. 设计辅助电路

根据设计要求和工作需要，设计照明、指示、报警等辅助电路。

1）照明电路的设计。

2）指示电路的设计。

3）报警电路的设计。

4）辅助电源电路的设计。

 5. 电路控制功能的检查与完善

电路控制功能设计完成后，还应根据设计要求逐一检查核对各项功能能否实现，发现问题和不足时应加以修改、补充和完善，直到全面满足控制要求。

1）核对各种动作控制是否满足要求，是否存在矛盾和遗漏。

2）检查接触器、继电器、主令电器的触头是否合理，是否超出电器元件允许的数量。

3）检查联锁要求能否实现。

4）检查各种保护功能是否完善。

5）检查误操作引发的后果及防范措施、联锁功能是否完善。

 6. 电路的分区与标注

电路的功能设计完成后，为了识读及安装维护的方便，还应当对电气原理图进行分区及备注。

1）对电路进行合理分区。

2）对触头系统进行正确标注。

3）对线路节点进行正确编号。

三、电路设计

应用一般设计法对本课题的设计情况如下。

（一）主电路设计

根据课题任务设计三台电动机的单方向运转主电路，主电路设计过程中应设计短路保护、过载保护和失电压保护等环节。

1. 拖动电动机的设计

设计 1#、2#、3#传送带的拖动电动机分别为三相异步电动机 M1、M2、M3。

2. 电动机短路保护的设计

设计各电动机的短路保护电路分别用 FU1、FU2、FU3 熔断器做各台电动机的短路保护。

3. 电动机电源通断控制的设计

设计各传送带电动机运行控制和失电压（欠电压）保护电路，分别用 KM1、KM2、KM3 接触器主触头用于 1#、2#、3#传送带的控制和保护。

4. 电动机过载保护的设计

设计 1#、2#、3#传送带拖动电动机的过载保护电路，分别用 KH1、KH2、KH3 触头做各电动机的过载保护主电路控制。

设计的主电路如图 4-1-2 所示。

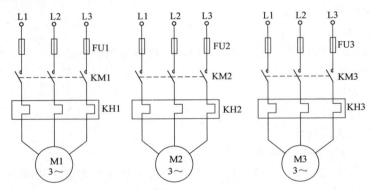

图 4-1-2　传送带运输机主电路

（二）控制电路的设计

从控制要求可知，基本控制电路中，首先应设计三台电动机的起动、保持和停止电路（即起保停电路），然后再考虑设计起动顺序和停止顺序的要求。其基本设计步骤如下。

1. 设计三台电动机的起保停止控制

（1）设计起动控制　设计三条控制支路，用以实现对 1#、2#、3#传送带三台电动机的控制。分别用按钮 SB1、SB3、SB5 的常开触头对三个接触器线圈 KM1、KM2、KM3 进行起动控制。

（2）设计自锁控制　将 KM1、KM2、KM3 接触器辅助常开触头分别并联在各自起动按钮上，以保证各传送带的连续运转。此功能简称"自锁"或者"自保"功能，自锁即自己锁定，自保即自己保持。没有自锁或自保功能，电动机就只能是按下起动按钮则起动，放开起动按钮则停止，此为电动机的点动控制。

（3）设计停止控制　要让运行过程中的电动机停止，就要让控制电动机运转的支路断电，从而让控制该电动机的接触器线圈失电，接触器主触头断开就可。为此，设计时只需将停止按钮 SB2、SB4、SB6 的常闭触头分别串联在 1#、2#、3#传送带的控制支路中即可。

2. 设计顺序起动、逆序停止控制

（1）设计顺序起动控制　要让三台电动机按照 M3→M2→M1 顺序起动，应将 KM3 辅助常开触头串联在 KM2 线圈回路中，KM2 辅助常开触头串联在 KM1 线圈回路中，达到 KM3 首先起动后 KM2 方可起动，KM2 起动后 KM1 方可起动的目的。

（2）设计逆序停止控制　要让三台电动机按照 M1→M2→M3 逆序停止，应将 KM1 辅助常开触头并联于 KM2 线圈停止按钮 SB4 常闭触头上，使其停止功能失效，等待 KM1 线圈失电，即电动机 M1 停止后，才能让 M2 停止；同理，将 KM2 辅助常开触头并联于 KM3 线圈停止按钮 SB6 常闭触头上，使其停止功能失效，等待 KM2 线圈失电，即电动机 M2 停止后，才能让 M3 停止。如此设计，即达到 KM1 停止后 KM2 方可停止，KM2 停止后 KM1 方可停止的目的。

设计的基本控制电路如图 4-1-3 所示。

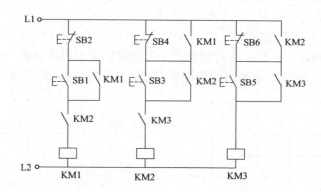

图 4-1-3　基本控制电路部分

3. 设计采用时间继电器进行自动控制的电路

以上控制电路为手动操作对三台电动机进行起停控制的控制电路。在生产实践中，整个控制过程若采用手动控制就显得烦琐和没有必要，通常是靠行程开关或者是时间继电器来进行自动控制的。

本课题的控制，因传送带是回转运动，难以检测行程，通常采用时间继电器对传送带运输机进行自动控制。一般地，如果是起动过程的延时控制，通常采用通电延时型时间继电器进行控制；而停止过程的延时控制，则通常采用断电延时型时间继电器进行控制。即以通电延时的常开触头做起动信号，以断电延时的常开触头做停机信号。为了信号转换的需要，还应采用一定数量的中间继电器实现信号转换。在本课题中，为使三条传送带能够按顺序自动起动和逆序停止工作，采用中间继电器 KA 作为总起停控制及时间总控，采用通电延时型时间继电器 KT1、KT2 作为顺序起动自动控制，采用断电延时型时间继电器 KT3、KT4 进行逆序停止自动控制。其控制电路如图 4-1-4 所示。

（三）保护环节的设计

按下停止按钮 SB1，KA、KT1、KT2 线圈相继断电，KA、KT1、KT2 常开触头瞬时断开，若接触器 KM2、KM3 不加自锁，则接触器 KM2、KM3 随即失电，KT3、KT4 延时不起作用，电动机不能按顺序停机，所以需要加自锁环节。

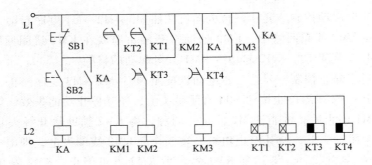

图 4-1-4　时间继电器控制电路

热继电器保护触头均串联在 KA 线圈电路中，无论哪条传送带机过载，都能按 1#、2#、3#顺序停机。

（四）控制电路完善和校核

控制电路初步设计完毕后，应对照生产工艺和控制要求再次分析，所设计线路是否能逐条实现其控制功能，并修改完善相应的保护环节。由此得到完整的电气控制原理图，如图4-1-5 所示。

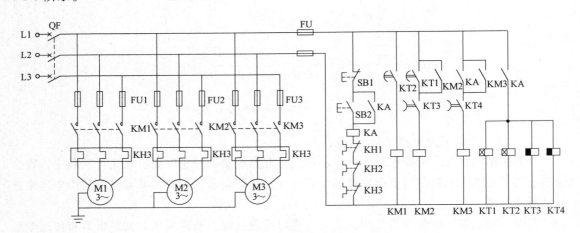

图 4-1-5　设计完整的电气控制原理图

四、电器元件选择

（一）选择拖动电动机

电动机选择的基本原则如下。

1）机械特性满足生产机械要求，与负载特性相适应。

2）电动机功率得到充分利用。

3）电动机结构满足机械安装要求，适应工作环境。

4）优先采用笼型异步电动机（结构简单、价廉、维护方便）。

本课题中传送带为可长期工作，并为散料，要求电动机具有一定的防尘功能。根据《电工手册》对照选型，三条传送带的拖动电动机宜选择 Y90L—4，380V，2.7A，1.1kW，功率因数为 0.78，效率为 0.78，堵转电流为 6.5 倍额定电流，转速为 1400r/min，丫联结，防护等级为 IP44，工作制为 S1 的三相异步电动机。

（二）选择常用电器元件

1. 常用电器元件的选择原则

1）按功能要求确定电器元件类型。

2）根据所控制的电压、电流及功率大小确定电器元件规格。

3）根据工作环境及电器元件性能情况进行选择。

4）根据电器元件所要求的可靠性进行选择。

5）确定电器元件的使用类别并进行选择。

2. 电器元件的具体选择

（1）按钮的选择　主要根据所需触头数、使用场合、颜色标注、额定电压和额定电流进行选择。

1）"停止"和急停按钮必须是红色的。

2）"起动"按钮必须是绿色的。

3）"起动"与"停止"交替动作的按钮可以是黑色、白色或灰色的。

4）点动按钮必须是黑色的。

5）复位按钮（如保护继电器的复位按钮）必须是蓝色的；如果还有停止作用，则必须是红色的。

本课题中起动按钮 SB2 选绿色，停止按钮 SB1 选红色。

（2）断路器的选择　刀开关、组合开关、断路器等常作为机械设备电源引入控制开关使用。在此介绍断路器的选择注意事项。

1）断路器的额定电压和额定电流应不小于电路正常工作电压和工作电流。

2）热脱扣器整定电流应与所控制电动机的额定电流或负载额定电流一致。

3）电磁脱扣器瞬时脱扣整定电流应大于负载电路正常工作时的峰值电流。

对电动机，断路器电磁脱扣器的瞬时脱扣整定电流值 I 按下式计算

$$I \geqslant KI_{ST} \tag{4-1-1}$$

式中　K——安全系数，可取 $K = 1.7 \sim 2$；

I_{ST}——电动机起动电流。

本课题中断路器 QF 选择型号为 C20-3P 型断路器。

（3）熔断器的选择　先确定熔体的额定电流，再根据熔体规格，选择熔断器规格，进而选择熔断器类型。

1）熔体额定电流选择：

① 无冲击电流负载，如照明电路、信号电路、电阻炉等，有：

$$I_{FUN} \geqslant I \tag{4-1-2}$$

式中　I_{FUN}——熔体额定电流；

I——负载额定电流。

② 负载出现尖峰电流，如笼型异步电动机起动电流为 $(4 \sim 7) I_N$（I_N 为电动机额定电流）。

对于单台不频繁起、停且长期工作的电动机，有：

$$I_{FUN} = (1.5 \sim 2.5)I_N \qquad (4\text{-}1\text{-}3)$$

对于单台频繁起动、长期工作电动机，有：

$$I_{FUN} = (3 \sim 3.5)I_N \qquad (4\text{-}1\text{-}4)$$

对于多台长期工作电动机共用熔断器时，有

$$I_{FUN} \geqslant (1.5 \sim 2.5)I_{NMAX} + \sum I_N \qquad (4\text{-}1\text{-}5)$$

或

$$I_{FUN} \geqslant I_{MAX}/2.5 \qquad (4\text{-}1\text{-}6)$$

式中　I_{NMAX}——功率最大一台电动机的额定电流；

　　　I_N——其余电动机额定电流之和；

　　　I_{MAX}——电路中可能出现的最大电流。

几台电动机不同时起动时，电路中最大电流为

$$I_{MAX} = 7I_{NMAX} + \sum I_N \qquad (4\text{-}1\text{-}7)$$

③ 采用减压方法起动的电动机，有：

$$I_{FUN} \geqslant I_N \qquad (4\text{-}1\text{-}8)$$

2）熔断器规格选择：额定电压大于电路工作电压，额定电流应不小于所装熔体的额定电流。

3）熔断器类型选择：应根据负载保护特性、短路电流大小及安装条件来选择。

本课题中，选用了三台相同型号的电动机，其主电路各台电动机熔体电流 $I_{FUN} = (1.5 \sim 2.5)I_N \geqslant 1.5 \times 2.7A \approx 4.1A$，故可选择 RT18—32A/5A 型熔断器。

（4）交流接触器的选择　主要考虑主触头额定电压与额定电流、辅助触头数量、吸引线圈电压等级、使用类别和操作频率等。

1）额定电压与额定电流：主要考虑主触头的额定电压与额定电流。

① 交流接触器主触头额定电压应不小于负载额定电压，即

$$U_{KMN} \geqslant U_{CN} \qquad (4\text{-}1\text{-}9)$$

式中　U_{KMN}——接触器额定电压；

　　　U_{CN}——负载额定线电压。

交流接触器主触头额定电流应不小于负载额定电流，也可根据电动机最大功率进行选择，即

$$I_{KMN} \geqslant I_N = \frac{P_{MN} \times 10^3}{KU_{MN}} \qquad (4\text{-}1\text{-}10)$$

式中　I_{KMN}——接触器主触头额定电流；

　　　I_N——接触器主触头电流；

　　　P_{MN}——电动机最大功率；

　　　U_{MN}——电动机额定线电压；

　　　K——经验常数，$K = 1 \sim 1.4$。

2）吸引线圈的电流种类及额定电压：线圈额定电压应根据控制电路复杂程度，维修、安全要求，设备所采用的控制电压等级考虑。

3）根据控制图样选择辅助触头的额定电流、种类和数量。

4）其他：

① 根据使用环境选择有关系列接触器或特殊用接触器。

② 根据操作次数校验接触器操作频率。如果操作频率超过规定值，接触器额定电流应增大一倍。

本课题中选择型号为 CJ20—10，线圈电压为 380V 的交流接触器。

（5）继电器的选择

1）电磁式通用继电器。先考虑交流还是直流类型，再根据控制电路需要，是采用电压继电器还是电流继电器，或是中间继电器。

对于保护用继电器，应考虑过电压（或过电流）、欠电压（或欠电流）继电器的动作值和释放值，以及中间继电器触头的类型和数量，励磁线圈的额定电压或额定电流值。

本课题中选择型号为 JDZ1—44/44A，380V，5A，50Hz 的中间继电器。

2）时间继电器。根据延时方式、延时精度、延时范围、触头形式及数量、工作环境等，确定采用何种型式的时间继电器，再选择线圈额定电压。

本课题中选择 JS7—3A 型时间继电器。

3）热继电器。其结构决定于电动机绕组接法及是否要求断相保护。

热元件整定电流可按下式选取，即

$$I_{FRN} = (0.95 \sim 1.05)I_N \tag{4-1-11}$$

式中　I_{FRN}——热元件整定电流。

工作环境恶劣、起动频繁的电动机按下式选取，即

$$I_{FRN} = (1.15 \sim 1.5)I_N \tag{4-1-12}$$

对于过载能力较差的电动机，热元件整定电流为电动机额定电流的 60% ~ 80%。

对于重复短时工作制电动机，其过载保护应选用温度继电器。

本课题中选择 JR 16—20/3D 15.4A 型热继电器。

（三）列出电器元件明细表

根据上述选择原则和方法，选择的电器元件的型号及规格，见表 4-1-1。

表 4-1-1　电器元件的型号及规格

序号	符号	名称	型号及规格	数量	单位	用途
1	M1 ~ M3	异步电动机	Y90L—4，1.1kW，1400r/min	3	台	三条传送带的主传动
2	FR1 ~ FR3	热继电器	JR 16—20/3D 15.4A	3	只	M1 ~ M3 的过载保护
3	KM1 ~ KM3	交流接触器	CJ20—10，电压 380V	3	只	M1 ~ M3 的起动
4	FU1 ~ FU3	熔断器及熔体	RT18—32A/25A	3	套	三联
5	FU	熔断器及熔体	RT18—32A/2A	1	只	单联
6	QF	断路器	C20—3P	1	只	设备电源引入控制开关
7	KT1 ~ KT4	时间继电器	JS7-3A，380V	4	只	控制顺序起动逆序停止时间
8	SB1 ~ SB2	三联控制按钮	LA10—3H	1	只	电路的起动与停止控制

五、安装与调试

（一）器材准备

实施本次教学所使用的实训设备及工具材料，见表 4-1-2。

（二）电路安装

根据图 4-1-5 所示的三台电动机顺序起动逆序停止控制电路原理图，在配电安装箱上进行电器元件及线路的安装。

表 4-1-2　实训设备及工具材料

序号	分类	名称	型号规格	数量	单位	备注
1	电源	交流	AC3×380/220V，20A	1	处	
2	劳保用品	绝缘鞋、工作服等	自定	1	套	
3	工具	电工通用工具	验电器、钢丝钳、三用钳、螺钉旋具(包括十字形、一字形)、斜口钳、镊子等	1	套	
4	仪表	万用表	MF47 型	1	块	
5	设备器材	异步电动机	Y132M—4—B3，7.5kW，1450r/min	3	台	
6		热继电器	JR 16—20/3D 15.4A	3	只	
7		交流接触器	CJ20—10，线圈电压 380V	3	只	
8		熔断器及熔体	RT18—32A/25A	3	套	三联
9		熔断器及熔体	RT18—32A/2A	1	只	单联
10		断路器	C45—3P	1	只	
11		时间继电器	JS7—3A，380V	4	只	
12		三联控制按钮	LA10—3H	1	只	
13		三相异步电动机	YD112M—4/2	3	台	可自定
14		接线端子牌	TD—15—20	2	条	可自定
15		配电安装箱	660mm×450mm	1	个	可自定
16	消耗材料	连接导线	BLV—2.5mm^2	若干		
17		连接导线	BVR—0.75mm^2	若干		
18		紧固件	M4×15mm 螺杆，螺母、平、弹簧垫圈	若干	只	
19		导轨	360mm	2	条	
20		塑料套管	ϕ3.5mm	若干	m	
21		号码笔	黑色 3191	1	支	可自定

1. 安装步骤

1）选配并检查电器元件和电气设备。首先按表 4-1-2 配齐设备和电器元件，并逐个检验其规格和质量；根据电动机功率、线路走向及要求和各电器元件的安装尺寸，正确选配导线的规格、导线通道类型和数量、接线端子板、控制板、紧固件等。

2）固定电器元件和走线槽，并在电器元件附近做好与电路图上相同代号的标记。安装走线槽时，应做到横平竖直、排列整齐匀称、安装牢固便于走线等。

3）在控制板上进行板前线槽配线，并在导线端部套上编码管。

4）进行控制板外的电器元件固定和布线。首先应选择合理的导线走向，做好导线通道的支持准备；其次控制箱外导线的线头需要套装上与电路图相同线号的编码管，可移动导线通道应留出适当的余量；再次按规定在通道内放好备用导线。

5）自检。

① 检查电路接线是否正确和接地通道是否具有连续性。

② 检查热继电器的整定值和熔断器中熔体的规格是否符合要求。

③ 检查电动机及线路的绝缘电阻。

④ 检查电动机安装是否牢固，与生产机械传动装置连接是否可靠。

⑤ 清理安装现场。

2. 注意事项

1）电动机和线路的接地必须符合要求。禁止采用金属软管作为接地通道。

2）在控制箱外部布线时，导线必须穿在导线通道或敷设在设备导线通道里，中间不允许有接头。

（三）通电调试

1. 调试步骤

1）将主电路电源断开，接通控制电路电源，检查控制电路的控制逻辑是否与控制要求一致。

2）接通电源，点动控制各电动机的起动，检查各电动机转向是否符合要求，机械部分运转是否正常。

3）通电空载调试。空转试机时，应观察各电器元件、线路、电动机及传动装置的工作是否正常。发现异常时，应立即切断电源进行检查，待调整或修复后方可再次通电试机。

4）带负载调试。一方面观察设备带负载后是否有其他情况发生；另一方面不断调整时间继电器和热继电器的整定值，使之与生产要求相适应。

2. 注意事项

1）试机时，传送带上不允许有物料。

2）试机时，应先合上电源开关，后按起动按钮；停机时，应先按停止按钮，后断开电源开关。

➢【课题小结】

本课题的内容结构如下：

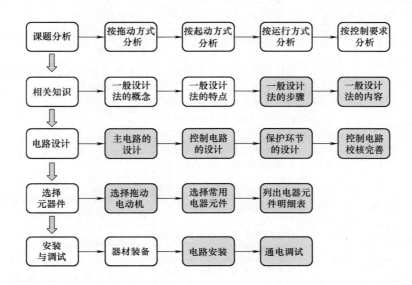

说明：

（1）本课题是设计、安装、调试最具特点的控制案例之一。学习掌握本课题的内容，有利于帮助学生认识顺序控制的基本原理和方法，培养学生的综合应用能力。

（2）教学过程中应循序渐进，通过参观设备并结合实际进行讲授，注意培养学生的学习兴趣。

（3）蓝色框内为本课题的重点内容，应进行重点讲解和指导。

（4）在技能训练过程中，教师要加强巡回指导，及时帮助学生解决问题。

（5）在安装调试过程中，教师要加强监管，预防触电事故的发生。

➤【效果测评】

根据本课题学习内容，按表 4-1-3 所列内容，对学习效果进行测评，检验教学达标情况。

表 4-1-3　考核评分记录表

考核目标	考核内容	考核要求	评分标准	配分	自评	互评	师评
知识目标（55分）	电气控制线路的一般设计方法及特点	掌握电气控制线路的一般设计方法及特点	一般设计方法的基本要求5分；一般设计方法的基本特点5分	10			
	一般设计方法的基本步骤	掌握一般设计方法的主要设计步骤	每个主要步骤2分	12			
	主电路设计内容	掌握主电路的设计内容	每项内容1分	5			
	控制电路设计内容	掌握控制电路的设计内容	每项内容1分	3			
	保护环节设计内容	掌握保护环节的设计内容	每项内容1分	3			
	辅助电路设计内容	掌握辅助电路的设计内容	每项内容1分	4			
	电路控制功能的检查与完善内容	掌握电路控制功能，检查与完善内容	每项内容1分	5			
	电路的分区与标注	掌握电路的分区与标注内容	每项内容1分	3			
	电动机选择的基本原则	掌握电动机选择的基本原则	每项内容1分	5			
	常用电器元件选择原则	掌握常用电器元件选择原则	每项内容1分	5			
能力目标（40分）	主电路设计	设计并画出本课题主电路	每路1分；要求功能控制及保护功能完整	3			
	控制电路设计	设计并画出三台电动机起保停控制电路	起动控制1分；自锁控制1分；停止控制1分	3			
		设计并画出按钮控制三台电动机顺序起动、逆序停止控制电路	顺序起动2.5分；逆序停止2.5分	5			
		设计并画出设计电气控制三台电动机顺序起动、逆序停止控制电路	顺序起动2.5分；逆序停止2.5分	10			
	电器元件明细	准确列出电器元件明细表	表格结构正确，项目完整；电器元件种类齐全，内容正确	2			
	电路安装	按照安装步骤和要求完成电路的安装接线	接线准确；工艺美观	10			
	电路调试	按照调试步骤及要求完成电路调试	符合调试步骤；完成电路调试	10			
安全文明（5分）		劳保用品穿戴符合劳动保护相关规定；现场使用符合安全文明生产规程		5			
总分				100			

课题二　设计、安装、调试上料爬斗生产线电气控制线路

图 4-2-1 所示为某上料爬斗生产线工作示意图，其控制要求如下。

1）料斗碰到下限位开关 SQ2 时，传送带运输机控制电动机 M2 正转起动向料斗送料→工作 20s→传送带运输机停止，爬斗电动机 M1 正转，料斗上升→料斗碰到上限位开关 SQ1 时自动翻斗动作（爬斗电动机 M1 停 5s）→爬斗电动机反转，料斗下降→料斗碰到下限位开关 SQ2 时动作，爬斗电动机 M1 停止→传送带运输机控制电动机 M2 正转起动，按此顺序连续工作。

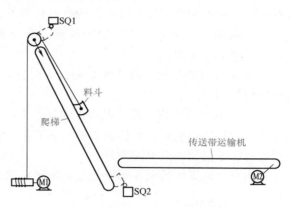

图 4-2-1　上料爬斗生产线工作示意图

2）按下停止按钮时，料斗可以停留在任意位置，起动时可以通过点动按钮使料斗随意从上升或下降开始运行。

3）料斗拖动系统应设置电磁制动装置，以便停电时料斗能够停在爬梯任意位置。

4）应设计必要的电气保护和互锁装置。

5）在上料爬斗控制电路中应在各工作环节设计有相应的信号指示灯。

➤【教学目标】

知识目标：

（1）掌握课题分析的主要内容。

（2）掌握电气控制线路设计的基本原则。

（3）掌握电气控制线路设计的基本方法。

能力目标：

（1）能够应用一般设计法设计本课题的电气原理图。

（2）能够列出本课题电气控制线路的电器元件型号及规格明细表。

（3）能够根据电气原理图进行正确的安装接线。

（4）掌握正确的电路调试方法。

➤【教学任务】

课题分析；相关知识；电路设计；电器元件选择；安装与调试。

➤【教·学·做】

一、课题分析

本课题为行程开关自动控制的一个典型案例，在生产机械的电气控制领域具有一定的代

表性。通过学习本课题，能够系统地掌握行程开关控制的生产机械的控制原理、实现方法和基本步骤，能够进一步培养学生的设计理念、设计思路和设计方法。

（1）拖动方式分析　从课题任务要求看，本任务需要两台三相异步电动机分别对料斗和传送带运输机进行拖动，用于散装物料的传送；拖动负载的性质为恒转矩负载，且不需进行调速。采用笼型交流异步电动机进行拖动即可。

（2）起动方式分析　从课题要求看，拖动电动机为小型异步电动机，可以直接起动，不需要采用减压起动。

（3）运行方式分析　传送带运输机的运行方向为单方向运行；料斗电动机的运行方向为正反转控制。

（4）控制要求分析　料斗电动机的运行方向为正反转控制，必须设置相应的联锁保护，且在料斗电动机停电时，电磁制动系统应工作，确保料斗不下落，无论料斗电动机正转或反转通电时，电磁制动系统应松开。

在用户供电系统的电源选择上，应采用电源380V，50Hz的三相四线制供电。

二、相关知识

（一）电气控制线路设计的基本原则

在电力拖动方案和控制方案确定后，即可着手进行电气控制线路具体设计。

电气控制系统设计一般应遵循以下原则：充分满足生产工艺要求；控制简单、经济；工作可靠；运行安全；操作、维护、检修方便。

（二）电气控制线路设计的基本方法

1. 最大限度地满足生产机械和工艺对电气控制系统的要求

首先弄清设备需要满足的生产工艺要求，对设备工作情况进行全面了解。深入现场调研，收集资料并听取技术人员及现场操作人员经验，作为设计基础。

2. 在满足生产工艺要求的前提下，力求使控制线路简单经济

1）尽量选用标准电器元件，减少电器元件数量，选用同型号电器元件以减少备用品数量。

2）尽量选用标准的、常用的或经过实践验证、切实可靠的典型环节或基本电气控制线路。

3）尽量减少不必要的触头，以简化线路。在满足工艺要求前提下，电器元件越少，触头数量越少，线路越简单。可提高工作可靠性，降低故障率。

减少触头数目的方法有以下几种：

① 合并同类触头。如图4-2-2所示，两并联支路中同时用到 KA1 的常开触头时，可将图4-2-2a所示电路改为图4-2-2b 所示电路。

② 采用转换触头方式。如图 4-2-3 所示，KA1 的常闭和常开触头分别控制 KM3 和 KM4 线圈回路时，可将图 4-2-3a 所示电路中的 KA1 独立常开和常闭触头控制改为图 4-2-3b 所示具有转换触头的中间继电器控制电路。

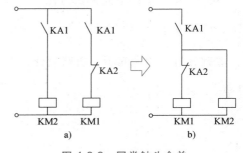

图 4-2-2　同类触头合并

③ 利用二极管的单向导电性减少触头数目。如图 4-2-4a 所示，电路中如出现辅助触头过多或不足时，可利用二极管的单向导电性减少控制触头 KA1 的数目简化控制电路，如图 4-2-4b 所示。

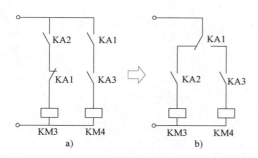

图 4-2-3　具有转换触头的中间继电器应用

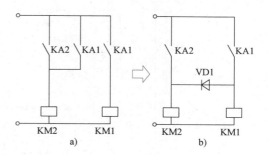

图 4-2-4　利用二极管简化控制电路

④ 利用逻辑代数方法减少触头数目。图 4-2-5a 中控制继电器线圈 K 的两并联支路同时有 A 常开触头和 B 常闭触头，根据逻辑代数法，可将其控制逻辑转换为图 4-2-5b 所示电路。

4）控制连接导线的数量和长度。设计时，应根据实际情况，合理考虑并安排电气设备和电器元件的位置及实际连线，使连接导线数量最少，长度最短。

图 4-2-6a 接线不合理，从电气柜到操作台需要 4 根导线。图 4-2-6b 接线较为合理，从电气柜到操作台只需 3 根导线。

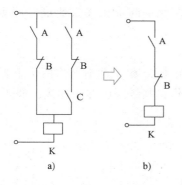

图 4-2-5　利用逻辑代数减少触头数目

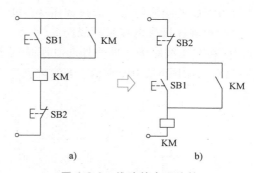

图 4-2-6　线路的合理连接

注意：同一电器的不同触头在线路中应尽可能具有公共连接线，以减少导线段数和缩短导线长度，如图 4-2-7 所示。

5）除必须工作的电器元件外，其余尽量不通电以节约电能。图 4-2-8 所示电动机串电阻起动控制电路中，图 4-2-8a 所示控制电路在 KM2 线圈动作后进入正常工作状态时，串电阻起动接触器 KM1 和时间继电器 KT 线圈均保持吸合，改为图 4-2-8b 所示控制电路后，正常工作状态时，仅有 KM2 线圈饱和吸合状态。

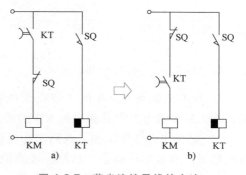

图 4-2-7　节省连接导线的方法

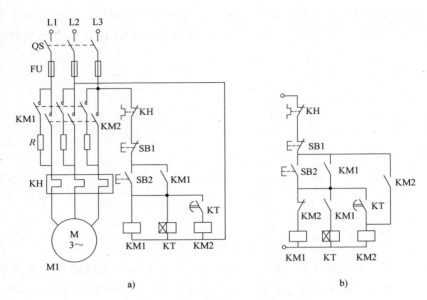

a)   b)

图 4-2-8　减少通电电路的控制电路

3. 保证电气控制线路工作可靠

保证线路可靠工作最重要的是选择可靠的电器元件，同时，设计时要注意以下几点。

1）正确连接电器元件的触头。同一电器元件的常开和常闭触头靠得很近，如果分别接在电源不同相上，当触头断开而产生电弧时，可能在两触头间形成飞弧造成电源短路。图 4-2-9a 中 SQ 的接法错误，应改成图 4-2-9b 的形式。

2）正确连接继电接触器线圈。

① 在交流线路中，即使外加电压是两个线圈额定电压之和，也不允许两个电器元件的线圈串联，如图 4-2-10a 所示。若需要两个电器同时工作，其线圈应并联连接，如图 4-2-10b 所示。

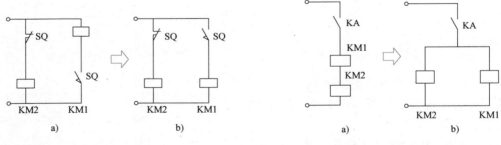

图 4-2-9　触头的正确连接（1）　　　　　图 4-2-10　触头的正确连接（2）

② 两电感量相差悬殊的直流电压线圈不能直接并联，如图 4-2-11a 所示。其解决办法是：在 KA 线圈电路中单独串接 KM 的常开触头，如图 4-2-11b 所示。

3）避免出现寄生电路。线路工作时，发生意外接通的电路称为寄生电路。寄生电路破坏电器元件和控制线路的工作顺序或造成误动作，如图 4-2-12a 所示。其解决办法是：将指示灯与其相应的接触器线圈并联，如图 4-2-12b 所示。

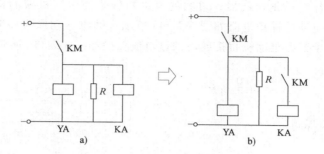

图 4-2-11　电磁铁与继电器线圈的连接

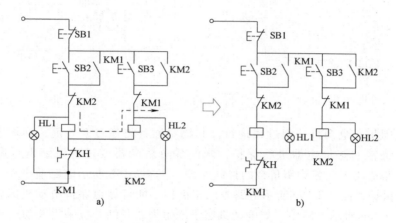

图 4-2-12　防止寄生电路

4）应尽量避免许多电器依次动作才能接通另一电器的现象。

5）在可逆线路中，正反向接触器之间要有电气联锁和机械联锁。

6）线路应能适应所在电网的情况，并据此决定电动机起动方式是直接起动还是间接起动。

7）应充分考虑继电器触头的接通和分断能力。若要增加接通能力，可用多触头并联；若要增加分断能力，可用多触头串联。

4. 保证电气控制线路工作的安全性

应有完善的保护环节，保证设备安全运行。常用有短路、过电流、过载、失电压、弱磁、超速和极限保护等。

（1）短路保护　强大的短路电流容易引起各种电气设备和电器元件的绝缘损坏及机械损坏。因此，短路时应迅速可靠地切断电源。采用熔断器作短路保护的电路如图 4-2-13 所示，也可用断路器作短路保护，兼有过载保护功能。

（2）过电流保护　不正确的起动和过大的负载引起电动机很大的过电流；过大的冲击负载引起电动机过

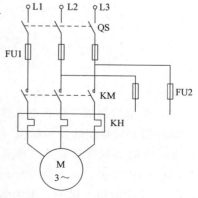

图 4-2-13　熔断器短路保护电路

大的冲击电流，损坏电动机换向器；过大的电动机转矩使生产机械的机械传动部分受到损坏。采用过电流继电器的保护电路如图 4-2-14a 所示，继电器动作值一般整定为电动机起动电流的 1.2 倍。用于笼型电动机直接起动的过电流保护如图 4-2-14b 所示。

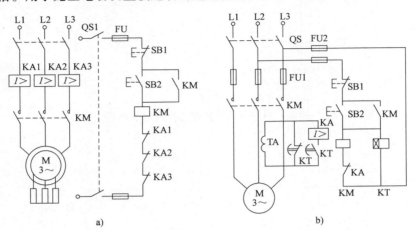

图 4-2-14　过电流保护电路

（3）过载保护　电动机长期过载运行，其绕组温升将超过允许值，损坏电动机。多采用具有反时限特性的热继电器进行保护，同时装有熔断器或过电流继电器配合使用。图 4-2-15a 所示电路适用于三相均衡负载的过载保护；图 4-2-15b 所示电路适于任一相断线或三相均衡过载的保护；图 4-2-15c 所示电路为三相保护，能可靠地保护电动机的各种过载。图 4-2-15b 和图 4-2-15c 所示电路中，如电动机定子绕组为 △ 联结，应采用差动式热继电器。

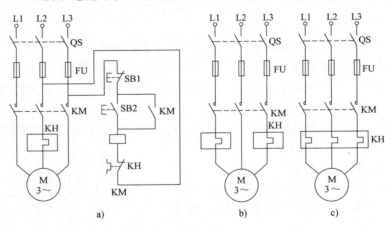

图 4-2-15　过载保护电路

（4）失电压保护　防止电压恢复时电动机自行起动的保护称为失电压保护。通过并联在起动按钮上接触器的常开触头（图 4-2-16a），或通过并联在主令控制器的零位常开触头上的零电压继电器的常开触头（图 4-2-16b）来实现失电压保护。

（5）弱磁保护　对直流并励电动机、复励电动机在励磁减弱或消失时，会引起电动机"飞车"。必须加弱磁保护。采用弱磁继电器，吸合电流一般为额定励磁电流的 0.8 倍。

（6）极限保护　对直线运动的生产机械常设极限保护，如上、下极限，前、后极限等。

常用行程开关的常闭触头来实现极限保护。

（7）其他保护　根据实际情况设置，如温度、水位、欠电压等保护环节。

5. 应便于操作、维护与检修

1）具体安装与配线时，电器元件应留出备用触头，必要时预留备用电器元件。

2）为检修方便，应设置电气隔离，避免带电检修。

3）为调试方便，控制应简单，能迅速实现从一种方式到另一种方式的转换。

4）设置多点控制，便于在生产机械旁进行调试。

5）操作回路较多时，如要求正反转并调速，应采用主令控制器，不要用许多按钮。

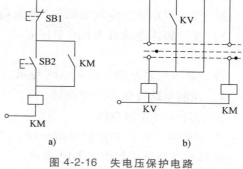

图 4-2-16　失电压保护电路

三、电路设计

应用一般设计法设计本课题的基本步骤如下。

（一）主电路设计

根据课题任务可知：爬斗电动机 M1 为正反转控制，选用带电磁制动的三相异步电动机，实现停电时料斗能够悬停在爬梯任意位置；传送带运输机电动机 M2 为一单方向运转控制；无论 M1 正转或反转接通，电磁制动装置均应该松开，以便于爬梯上下运行。设计的主电路如图 4-2-17 所示。

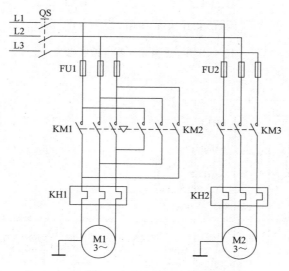

图 4-2-17　上料爬斗主电路

（二）控制电路设计

从控制要求可知，基本控制电路中，首先应设计两台电动机的起动、保持和停止电路，然后分别设计爬斗电动机 M1 和传送带运输电动机 M2 的基本控制电路，其基本设计步骤如下。

1）设计总起动、保持、停止电路。

2）设计传送带运输电动机 M2 的起动和 20s 停止基本控制电路。

3）设计爬斗电动机 M1 的正转起动，碰到 SQ1 后的 5s 停止倒料和反转下降基本控制电路。

设计基本控制电路如图 4-2-18 所示。

4）控制电路特殊部分的设计：

① 设计点动控制电路。

② 设计各工作环节的信号指示灯。

此部分设计结果如图 4-2-19 所示。

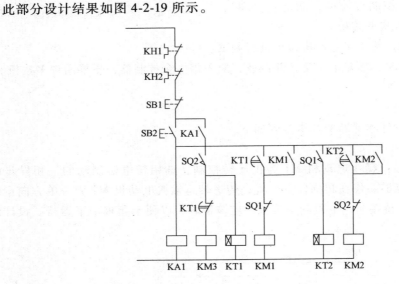

图 4-2-18　上料爬斗基本控制电路

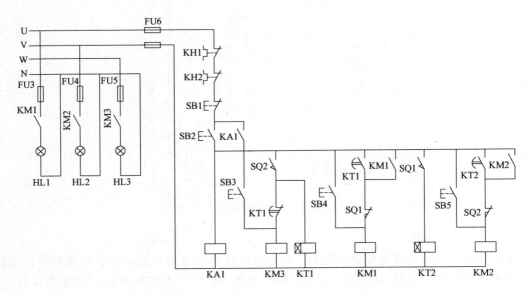

图 4-2-19　上料爬斗控制电路特殊部分

（三）保护环节的设计

分析可知，M1 动作时，M2 不能动作，M2 动作时，M1 正反转均不能动作，M1 正反转需要设有联锁保护电路；SB4、SB5 必须设有点动正反转互锁电路，如图 4-2-20 所示。

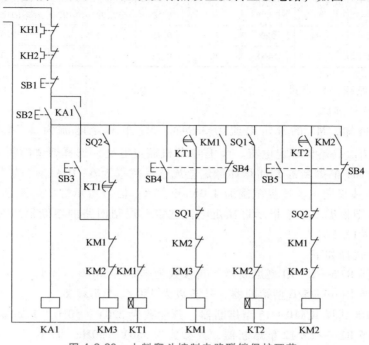

图 4-2-20　上料爬斗控制电路联锁保护环节

（四）控制线路完善和校核

检查、校核及完善后的电气控制原理图如图 4-2-21 所示。

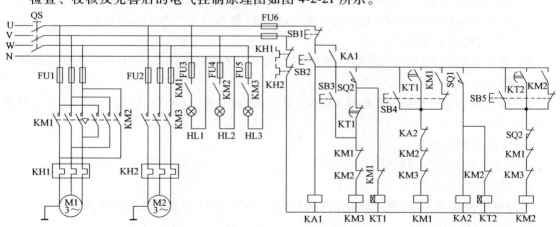

图 4-2-21　上料爬斗完整控制电路

四、选择元器件

（一）电动机选择

爬斗电动机 M1 选择型号为 YEJ90L-6 型电磁制动三相异步电动机（自带电磁抱闸），传送带运输电动机 M2 选择型号为 Y90S—4 型，具体参数见表 4-2-1。

表 4-2-1　电动机参数

型号	额定功率/kW	额定电流/A	转速/(r/min)	效率(%)	功率因数 cosφ	堵转电流与额定电流的比值/倍	最大转矩与额定转矩的比值/倍	质量/kg
YEJ90L—6	1.5	3.94	920	76	0.75	5.5	2.0	34
Y90S—4	1.1	2.7	1400	78	0.78	6.5	2.3	25

（二）常用电器元件选择

1. 熔断器型号选择

由表 4-2-1 可知，M1 的额定电流为 3.94A，M2 的额定电流为 2.7A。按公式 $I_{\text{FUN}} = (1.5 \sim 2.5)I_{\text{N}}$（$I_{\text{FUN}}$ 是熔体额定电流、I_{N} 是电动机额定电流）选择熔体的额定电流。

爬斗电动机 M1 的熔断器 FU1 熔体额定电流选择范围为 6~10A；传送带运输电动机 M2 的熔断器 FU2 熔体额定电流选择范围为 4.05~6.75A；信号指示灯的熔断器 FU3~FU5 熔体额定电流选择范围根据不小于指示灯额定电流选定；控制回路的熔断器 FU6 熔体额定电流选择范围为 7.5~12.5A。

熔断器型号选择如下。

1）FU1 选择 RL6—25/10 型熔断器，其参数为 380V、50Hz、10A。

2）FU2 选择 RL6—25/6 型熔断器，其参数为 380V、50Hz、6A。

3）FU3~FU5 选择 RM10—15 型熔断器，其参数为 220V、50Hz、1.2A。

4）FU6 选择 RL6—25/12 型熔断器，其参数为 380V、50Hz、12A。

2. 热继电器型号选择

（1）热元件整定电流　按 $I_{\text{FRN}} = (0.95 \sim 1.05)I_{\text{N}}$（电动机额定电流），则：

1）爬斗电动机 M1 对应的热继电器 KH1 整流值为 3.8~4.2A。

2）传送带运输电动机 M2 对应的热继电器 KH2 整流值为 2.565~2.835A。

（2）热继电器型号选择

1）爬斗电动机 M1 选择 CDR1—20 型热继电器（660V，3.6A，50Hz），其整流范围为 2.8~4.4A。

2）传送带运输电动机 M2 选择 CDR1—20 型热继电器（660V，2.5A，50Hz），其整流范围为 2~3A。

3. 刀开关型号选择

刀开关选择 DZ47—5A 型。

4. 时间继电器选择

时间继电器选择 JSS1 型，适用于交流 50Hz，电压 380V，直流电压 24V 控制电路。

5. 中间继电器选择

中间继电器选择 CJ20—10 型，380V/10A。

6. 行程开关的选择

行程开关的选择 JLXK1—211 型，500V/5A。

（三）列出电器元件明细表

选择电器元件的型号及规格，列出电器元件明细表，见表 4-2-2。

表 4-2-2　电器元件的型号及规格

序号	符号	名称	型号及规格	数量	单位	用途
1	M1	异步电动机	YEJ90L—6,380V,3.94A,50Hz	1	台	带动爬斗运动
2	M2	异步电动机	Y90S—4,380V,2.7A,50Hz	1	台	拖动传送带传送
3	FU1	熔断器	RL625/10,380V,10A,50Hz	3	套	M1 短路保护
4	FU2	熔断器	RL625/6,380V,10A,50Hz	3	套	M2 短路保护
5	FU6	熔断器	RL625/12,380V,10A,50Hz	2	套	控制电路短路保护
6	FU3～FU5	熔断器	RM10—15,220V,1.2A,50Hz	3	套	L1、L2、L3 电路短路保护
7	KH1、KH2	热继电器	CDR1—20,660V,3.6A,50Hz CDR1—20,660V,2.5A,50Hz	2	只	M1、M2 过载保护
8	QS	刀开关	DZ47,380V,5A,50Hz	1	只	设备电源引入控制开关
9	KT1、KT2	时间继电器	JSS1—20,380V,50Hz	2	只	20s、5s 通电延时
10	KM1～KM3	接触器	CJ20—10,380V,10A	3	只	电动机控制
11	KA1、KA2	中间继电器	JZ17—44,380V,50Hz	2	只	中间过程控制
12	SQ1、SQ2	行程开关	JLXK1—211,500V,5A	2	只	行程控制
13	SB1～SB5	控制按钮	LA1,9—11D,500V,5A	5	只	电路的起停与点动控制

五、安装与调试

（一）器材准备

实施本次教学所使用的实训设备及工具材料，见表 4-2-3。

（二）电路安装

根据图 4-2-21 所示电路原理图，在配电安装箱上进行电器元件及线路的安装。

1. 安装步骤

1）选配并检查电器元件和电气设备。首先按表 4-2-3 配齐电气设备和电器元件，并逐个检验其规格和质量；根据电动机功率、线路走向及要求和各电器元件的安装尺寸，正确选配导线的规格、导线通道类型和数量、接线端子板、控制板和紧固件等。

2）固定电器元件和走线槽，并在电器元件附近做好与电路图上相同代号的标记。安装走线槽时，应做到横平竖直、排列整齐匀称、安装牢固便于走线等。

3）在控制板上进行板前线槽配线，并在导线端部套编码管。

4）进行控制板外的电器元件固定和布线。首先应选择合理的导线走向，做好导线通道的支持准备；其次控制箱外导线的线头必须套装与电路图相同线号的编码管，可移动导线通道应留出适当的余量；再次按规定在通道内放好备用导线。

5）自检。

① 检查电路接线是否正确和接地通道是否具有连续性。

② 检查热继电器的整定值和熔断器中熔体的规格是否符合要求。

③ 检查电动机及线路的绝缘电阻。

④ 检查 M1 电动机电磁制动器是否有效。

⑤ 检查电动机安装是否牢固，与生产机械传动装置连接是否可靠。

表 4-2-3　实训设备及工具材料

序号	分类	名称	型号规格	数量	单位	备注
1	电源	交流	AC3×380/220V、20A	1	处	
2	劳保用品	绝缘鞋、工作服等	自定	1	套	
3	工具	电工通用工具	验电器、钢丝钳、三用钳、螺钉旋具（包括十字形、一字形）、斜口钳、镊子等	1	套	
4	仪表	万用表	MF47 型	1	块	
5	设备器材	异步电动机	YEJ90L—6,380V,3.94A,50Hz	1	台	
6		异步电动机	Y90S—4,380V,2.7A,50Hz	1	台	
7		熔断器	RL625/10,380V,10A,50Hz	3	套	三联
8		熔断器	RL625/6,380V,10A,50Hz	3	套	三联
9		熔断器	RL625/12,380V,10A,50Hz	2	套	双联
10		熔断器	RM10—15,220V,1.2A,50Hz	3	套	三联
11		热继电器	CDR1—20,660V,3.6A,50Hz CDR1—20,660V,2.5A,50Hz	2	只	型号可自定
12		刀开关	DZ47,380V,5A,50Hz	1	只	型号可自定
13		时间继电器	JSS1—20,380V,50Hz	2	只	型号可自定
14		接触器	CJ20—10,380V,10A	3	只	型号可自定
15		中间继电器	JZ17—44,380V,50Hz	2	只	型号可自定
16		行程开关	JLXK1—211,500V,5A	2	只	型号可自定
17		控制按钮	LA1,9—11D,500V,5A	5	只	单联组合
18		接线端子牌	TD—15—20	2	条	可自定
19		配电安装箱	660mm×460mm	1	个	可自定
20	消耗材料	连接导线	BLV—2.5mm^2	若干		
21		连接导线	BVR—0.75mm^2	若干		
22		紧固件	M4×15mm 螺杆,螺母、平、弹簧垫圈	若干	只	
23		导轨	360mm	2	条	
24		塑料套管	ϕ3.5mm	若干	m	
25		号码笔	黑色 3191	1	支	可自定

⑥ 清理安装现场。

2. 注意事项

1）电动机和线路的接地必须符合要求。禁止采用金属软管作为接地通道。

2）在控制箱外部布线时，导线必须穿在导线通道或敷设在设备的导线通道里，导线中间不允许有接头。

（三）通电调试

1. 调试步骤

1）将主电路电源断开，接通控制电路电源，检查控制电路的控制逻辑是否与控制要求一致。

2）接通电源，点动控制各电动机的起动，以检查各电动机转向是否符合要求，机械部分运转是否正常。

3）通电空载调试。空转试机时，应观察各电器元件、线路、电动机及传动装置的工作是否正常。发现异常，应立即切断电源进行检查，待调整或修复后方可再次通电试机。

4）带负载调试。一方面观察设备带负载后是否有其他情况发生；另一方面不断调整时间继电器和热继电器整定值，使之与生产要求相适应。

2. 注意事项

1）试车时，传送带上不允许有物料。

2）试机时，应先合上电源开关，后按起动按钮；停机时，应先按停止按钮，后断开电源开关。

➤【课题小结】

本课题的内容结构如下：

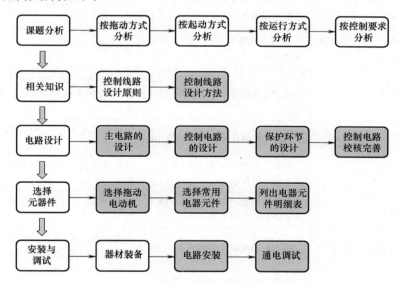

说明：

（1）本课题也是设计、安装、调试最具特点的控制案例。学习掌握本课题的内容，有利于帮助学生认识行程开关控制的基本原理和方法，培养学生的综合应用能力。

（2）教学过程中应循序渐进，通过参观设备并结合实际进行讲授，注意培养学生的学习兴趣。

（3）蓝色框内为本课题的重点内容，应重点讲解和指导。

（4）在技能训练过程中，教师要加强巡回指导，及时帮助学生解决问题。

（5）在安装调试过程中，教师要加强监管，预防触电事故的发生。

➤【效果测评】

根据本课题学习内容，按照表 4-2-4 所列内容，对学习效果进行测评，检验教学达标情况。

表 4-2-4　考核评分记录表

考核目标	考核内容	考核要求	评分标准	配分	自评	互评	师评
知识目标（45分）	课题分析	掌握课题分析的基本内容	每项内容 1 分,全部正确得满分	5			
	控制线路设计的基本原则	掌握控制线路设计的基本原则	每项内容 1 分	5			
	控制线路设计中减少触头的方法	掌握控制线路设计中减少触头的方法	每项内容 1 分,全部正确得满分	5			
	缩短连接导线数量和长度的设计方法	掌握缩短连接导线数量和长度的设计方法	举例说明合理连接设计法 2.5 分;举例说明节省导线设计法 2.5 分	5			
	保证控制线路工作可靠性的设计方法	掌握保证控制线路工作可靠的设计方法	共七项,每项 1 分,全部正确得满分	10			
	保证控制线路安全运行的设计方法	掌握保证控制线路安全运行的设计方法	共七项,每项 1 分,全部正确得满分	10			
	方便操作、维护、检修的设计方法	掌握方便操作、维护、检修的设计方法	每项内容 1 分	5			
能力目标（50分）	主电路设计	设计并画出本课题主电路	M1 主电路 4 分;M2 主电路 3 分;功能控制及保护功能不完整为 0 分	7			
	控制电路的设计	设计上料爬斗基本控制电路	起保停控制 4 分;时间继电器控制 4 分	8			
		设计上料爬斗点动控制及信号指示灯控制电路	点动控制 2.5 分;　信号指示灯控制 2.5 分	5			
		设计上料爬斗按钮解锁及触头连锁保护控制电路	按钮联锁 2.5 分;触动联锁 2.5 分	5			
	电器元件明细表	准确列出电器元件明细表	表格结构正确,项目完整;电器元件种类齐全,内容正确	5			
	电路安装	按照安装步骤和要求完成电路的安装接线	接线准确;工艺美观	10			
	电路调试	按照调试步骤及要求完成电路的调试	符合调试步骤;完成电路调试	10			
安全文明（5分）		劳保用品穿戴符合劳动保护相关规定;现场使用符合安全文明生产规程		5			
总　分				100			

课题三　设计、安装、调试丫/△减压起动带半波整流能耗制动电气控制线路

某三相异步电动机电气控制线路要求使用丫/△减压起动,且要求使用时间继电器断电

延时控制其丫起动时间，当按下停止按钮时，为减少电动机惯性运行时间，需要采用单相半波整流能耗制动。

➤【教学目标】

知识目标：

（1）掌握电气控制线路逻辑设计法的概念及特点。

（2）掌握电气控制线路逻辑设计法的基础知识。

（3）掌握电气控制线路逻辑设计法的设计步骤和设计方法。

能力目标：

（1）能够应用逻辑设计法设计本课题的电气原理图。

（2）选择并列出本课题电气控制线路的电器元件型号及规格明细表。

（3）根据本课题电气原理图进行正确的安装接线。

（4）掌握正确的电路调试方法并对安装接线进行调试。

➤【教学任务】

课题分析；相关知识；电路设计；电器元件选择；安装与调试。

➤【教·学·做】

一、课题分析

（1）拖动方式分析　从课题任务要求看，本课题只有一台拖动电动机，对拖动负载无要求，且不需要进行调速。可采用交流笼型异步电动机进行拖动。

（2）起动方式分析　电动机为丫/△减压起动控制，起动过程需要按照丫/△减压起动的方式进行，以满足起动要求。

（3）运行方式分析　运行方向为单方向运行。

（4）控制要求分析　按下起动按钮，丫/△减压起动过程由断电延时型时间继电器控制；按下停止按钮，电动机实施半波整流能耗制动，实现快速停机。

在用户供电系统的电源选择上，采用电源 380V/50Hz 的三相四线制供电。

二、相关知识

逻辑设计法是利用逻辑代数来进行电路设计的一种设计方法。它从生产机械的拖动要求和工艺要求出发，将控制电路中的接触器、继电器线圈的通电与断电，触头的闭合与断开，主令电器的接通与断开看成逻辑变量，根据控制要求将它们之间的关系用逻辑关系式来表达，然后将逻辑关系式加以化简，做出相应的电路图。这种方法的优点是能获得理想、经济的方案；不足之处是设计难度较大，整个设计过程较复杂，还要涉及一些新概念，因此在一般常规设计中，很少单独采用。

（一）逻辑设计法基础

1. 逻辑设计法的基本思路

1）首先将控制系统输入、输出元件的状态用状态变量进行表示。

2）然后根据控制要求列出状态变量的逻辑表达式。

3）进一步简化逻辑表达式。

4）最后根据逻辑表达式绘制控制线路。

2. 逻辑设计法中状态变量的假定

1）对于电器触头只存在接通或断开两种状态，对于继电器、接触器等输入开关量的触头，闭合状态规定为"1"，断开状态规定为"0"。

2）对于继电器、接触器、电磁铁、电磁阀和电磁离合器等输出元件线圈，通电状态规定为"1"，失电状态规定为"0"。

3. 基本逻辑表达式

（1）逻辑与——触头串联

1）电路图。图 4-3-1 所示为逻辑与运算电路。线路接通，线圈 K 通电，则用 $K=1$ 表示；线路断开，线圈 K 失电，则用 $K=0$ 表示。

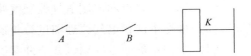

图 4-3-1　逻辑与运算电路

2）真值表。将输入开关量 A、B 与输出线圈逻辑变量 K 列成表格，此表格称为真值表，见表4-3-1。

表 4-3-1　逻辑与真值表

A	B	K
0	0	0
0	1	0
1	0	0
1	1	1

由真值表可总结出逻辑与的运算规律为：有"0"则"0"，全"1"则"1"。即输入开关量 A、B 只要其中一个断开，则输出线圈 K 失电，只有当输入开关量 A、B 同时接通时，输出线圈 K 方可得电。根据真值表可列出逻辑与表达式为

$$K = A \cdot B$$

（2）逻辑或——触头并联

1）电路图。图 4-3-2 所示为逻辑或运算电路。输入开关量 A、B 相互并联后，与输出线圈 K 串联。

2）真值表。将输入开关量 A、B 与输出线圈逻辑变量 K 列成表格，则逻辑或运算电路真值表，见表 4-3-2。

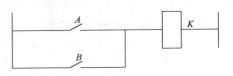

图 4-3-2　逻辑或运算电路

表 4-3-2　逻辑或真值表

A	B	K
0	0	0
0	1	1
1	0	1
1	1	1

由真值表可总结出逻辑或的运算规律为：有"1"则"1"，全"0"则"0"。即输入开

关量 A、B 只要其中有一个接通，则输出线圈 K 得电，只有当输入开关量 A、B 同时断开时，输出线圈 K 方可失电。根据真值表可列出逻辑或表达式为

$$K=A+B$$

（3）逻辑非——常闭触头

1）电路图。图 4-3-3 所示为逻辑非运算电路。输入开关量 A 为常闭，与输出线圈 K 串联。

图 4-3-3　逻辑非运算电路

2）真值表。将输入开关量 A 与输出线圈逻辑变量 K 列成表格，则逻辑或运算电路真值表，见表 4-3-3。

表 4-3-3　逻辑非真值表

A	K
0	1
1	0

由真值表可总结出逻辑非的运算规律为：A 不动作时线圈接通（也称为 A 对 K 为"非控制"）。即只要输入开关量 A 不动作，则输出线圈 K 保持得电，只有当输入开关量 A 断开时，输出线圈 K 方可失电。根据真值表可列出逻辑非表达式为

$$K=\overline{A}$$

4. 逻辑运算定理

（1）交换律

$$A \cdot B = B \cdot A$$
$$A+B=B+A$$

（2）结合律

$$A \cdot (B \cdot C) = (A \cdot B) \cdot C$$
$$A+(B+C) = (A+B)+C$$

（3）分配律

$$A \cdot (B+C) = A \cdot B + A \cdot C$$
$$A+B \cdot C = (A+B)(A+C)$$

（4）重叠律

$$A \cdot A = A$$
$$A+A=A$$

（5）吸收律

$$A+AB=A$$
$$A \cdot (A+B) = A$$
$$A+\overline{A}B=A+B$$
$$\overline{A}+A \cdot B = \overline{A}+B$$

（6）非非律

$$\overline{\overline{A}} = A$$

（7）反演律

$$\overline{A+B} = \overline{A} \cdot \overline{B}$$

$$\overline{A \cdot B} = \overline{A} + \overline{B}$$

5. 逻辑代数的化简

在保证逻辑功能（生产工艺要求）不变的前提下，必须运用逻辑代数的定理和法则将原始表达式化简，使之得到简化的电气控制线路。

（1）化简时经常用到的常量和变量关系

$$A+0 = A$$

$$A \cdot 1 = A$$

$$A+1 = 1$$

$$A \cdot 0 = 0$$

$$A+\overline{A} = 1$$

$$A \cdot \overline{A} = 0$$

（2）化简时经常用到的方法

1）合并项法：利用 $A \cdot B + A \overline{B} = A$，将两项合为一项。例如：$AB\overline{C} + ABC = AB$。

2）吸收法：利用 $A + AB = A$ 消去多余的因子。例如：$A + ABC = A$。

3）消去法：利用 $A + \overline{A}B = A + B$ 消去多余的因子。例如：$\overline{A} + AB + CD = \overline{A} + B + CD$。

4）配项法：利用逻辑表达式乘以一个"1"和加上一个"0"其逻辑功能不变来进行化简，即利用 $A + \overline{A} = 1$ 和 $A \cdot \overline{A} = 0$

例1：

$$K = AC + A\overline{C} + \overline{A}B = A(C + \overline{C}) + \overline{A}B = A + \overline{A}B = A + B$$

例2：

$$K = AC + \overline{B}\,\overline{C} + A\overline{B}\,C + A\overline{B}\,\overline{C} = AC(1 + \overline{B}) + \overline{B}\,\overline{C}(1 + A) = AC + \overline{B}\,\overline{C}$$

例3：

$$K = \overline{A}B + A\overline{B} + ABC + \overline{A}\,\overline{B}C$$

$$= \overline{A}(B + \overline{B}C) + A(\overline{B} + BC)$$

$$= \overline{A}(B + C) + A(\overline{B} + C)$$

$$= \overline{A}B + A\overline{B} + \overline{A}C + AC$$

$$= \overline{A}B + A\overline{B} + C$$

（3）逻辑代数式简化中应注意的问题

1）注意在简化后触头的电流分断能力是否能够达到线路设计要求。

2）在用较多触头可以使线路逻辑功能更加明确的情况下，不必强求化简来节省触头的方式。

（二）控制电路的逻辑函数

继电接触器开关的逻辑电路，是以检测信号、主令信号、中间单元及输出逻辑变量的反馈触头作为输入变量，以执行元件作为输出变量而构成的电路。

通过图 4-3-4 所示的起动、停止自锁电路说明组成继电接触器开关的逻辑函数规律。

图 4-3-4a 可用逻辑函数表示为

$$F_{KA}=SB1+\overline{SB2}\cdot KA$$

一般形式为

$$F_{KA}=X_{开}+X_{关}\cdot K$$

图 4-3-4b 可用逻辑函数表示为

$$F_K=SB2\cdot(SB1+KA)$$

一般形式为

$$F_K=X_{关}\cdot(X_{开}+K)$$

式中　　$X_{开}$——开启信号；

　　　　$X_{关}$——关闭信号。

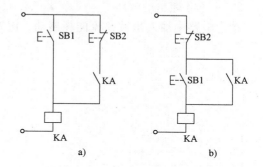

图 4-3-4　起动、停止自锁电路

实际的起动、停止、自锁电路，控制一个线圈通、断电的条件往往不止一个。对于开启信号，当不止一个主令信号，还必须有其他条件才能开启时，则开启主令信号用 $X_{开主}$ 表示，其他条件称为开启约束信号，用 $X_{开约}$ 表示。只有当条件都具备时，开启信号才能开启，则 $X_{开主}$ 与 $X_{开约}$ 是逻辑与的关系，用 $X_{开主}\cdot X_{开约}$ 去代替一般形式中的 $X_{开}$。

当关断信号不止一个主令信号时，还必须有其他条件才能关断时，则关断主令信号用 $X_{关主}$ 表示，其他条件称为关断约束信号，用 $X_{关约}$ 表示。只有当信号全为"0"时，信号才能关断，则 $X_{关主}$ 与 $X_{关约}$ 是逻辑或的关系，用 $X_{关主}+X_{关约}$ 去代替一般形式中的 $X_{关}$。

由此可得起动、停止、自锁电路的扩展公式为

$$F_K=X_{开主}X_{开约}+(X_{关主}+X_{关约})K$$

$$F_K=(X_{关主}+X_{关约})(X_{开主}X_{开约}+K)$$

（三）逻辑设计法的基本步骤

应用一般逻辑法设计电气控制线路的基本步骤及内容如下。

1）根据生产工艺要求，画出工作循环示意图。

2）确定执行元件和检测元件，并根据工作循环示意图做出执行元件的动作节拍表和检测元件状态表。

3）根据主令元件和检测元件状态表写出各程序的特征数，确定待相区分组，增设必要的中间记忆元件，使得相区分组的所有程序区分开。

4）列出中间记忆元件的开关逻辑函数和执行元件的逻辑函数。

5）根据逻辑函数式设计电气控制线路。

6）进一步检查、化简、完善线路，增加必要的保护和联锁环节，检查有无寄生回路，是否存在触头竞争现象等。

三、电路设计

应用逻辑设计法对本课题进行设计，具体情况如下。

（一）主电路设计

根据课题任务可知，本设计为普通Y/△减压起动，在停止时加入半波整流能耗制动。

1. 设计Y/△减压起动主电路

Y/△减压起动主电路如图 4-3-5 所示。

2. 设计能耗制动电路

在主电路中加入半波整流能耗制动，电路如图 4-3-6 所示。

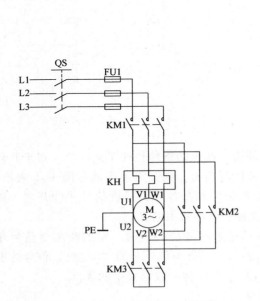

图 4-3-5　Y—△减压起动主电路

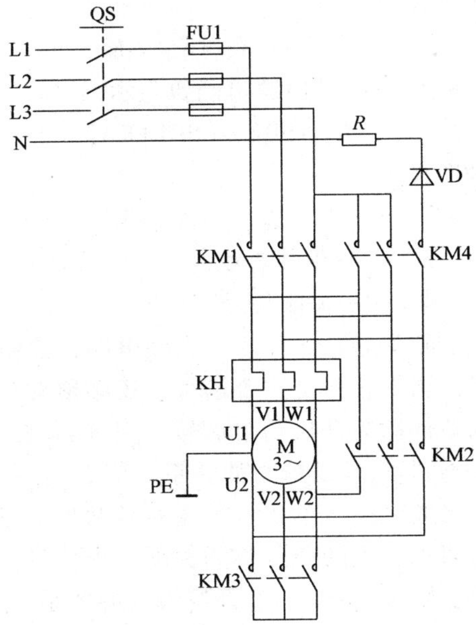

图 4-3-6　Y/△减压起动带半波整流能耗制动主电路

（二）控制电路设计

1. 绘制工作循环示意图

根据控制要求，绘制工作循环示意图，如图 4-3-7 所示。

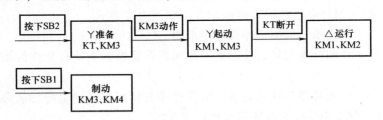

图 4-3-7　Y/△减压起动带半波整流能耗制动工作循环示意图

2. 根据工作循环示意图列出状态表

状态表是按照工艺循环图的顺序将各程序输入信号（检测元件）的状态、中间元件状态和输出的执行元件状态用"0"或"1"表示，列成表格形式。元件处于原始状态时为"0"状态，受激状态（开关受压动作，电器吸合）时为"1"状态。将各程序元件状态一一填入，若一个程序之内状态有 1~2 次变化，则用 1/0、0/1 或 1/0/1、0/1/0 表示。由此列出的断电延时Y—△减压起动半波能耗制动状态表见表 4-3-4。

表 4-3-4　断电延时丫/△减压起动半波能耗制动状态表

序号	程序名	激励信号	检测元件状态			执行元件状态				
			SB1	SB2	KT 触头	KT 线圈	KM1	KM2	KM3	KM4
0	停止	0	0	0	0	0	0	0	0	0
1	丫准备	SB2	0	1	1	1	0	0	1	0
2	丫起动	KM3	0	$\frac{0}{1}$	1	0	1	0	1	0
3	△运行	KT	0	0	0	0	1	1	0	0
4	制动	SB1	1	0	0	0	0	0	1	1

3. 给出逻辑函数式

1）写出各程序的特征数，确定待相区分组，增设必要的中间记忆元件，使待相区分组的所有程序区分开。

① 找出特征数。特征数是在各个程序中由检测元件状态构成的二进制数，检测元件分别为 SB1、SB2、KT、KM3。各程序特征数见表 4-3-5。

表 4-3-5　各程序特征数

序号	程序名	SB1	SB2	KT 触头	KM3 触头	特征数
0	停止	0	0	0	0	0000
1	丫准备	0	1	1	0	0110
2	丫起动	0	$\frac{0}{1}$	1	0	0011 0111
3	△运行	0	0	0	0	0000
4	制动	1	0	0	$\frac{1}{0}$	1001 1000

② 决定待相区分组。特征数决定了检测元件的状态也决定了线路的输出状态。不同程序之间，特征数不能相同。如果程序与程序之间的特征数相同，就意味着相同的输入对应于不同的输出结果，且这些不同的结果是不确定的，这是进行电气控制系统设计中不允许存在的现象。

从表 4-3-5 可知，第 0 号程序的 0000 与第 3 号程序的 0000 特征数相同，程序与程序间的特征数相同称为待相区分组，特征数互不相同的程序叫作相区分组。因此，必须将待相区分组增加新的特征数，使其成为相区分组。

③ 设置中间记忆元件——中间继电器 K，使待相区分组成为相区分组。

第 0 号程序和第 3 号程序中都有特征数 0000，为待相区分组，因此必须设置中间继电器 K 来增加特征数。若第 0 号程序 K 为 1，第 3 号程序 K 为 1，则将待相区分组转化为相区分组，见表 4-3-6。

表 4-3-6　新的特征数表

序号	原特征数	K	新特征数
0	0000	0	00000
3	0000	1	00001

由于 KM1 本身就具有记忆功能，可用 KM1 替代 K，以省去一个中间继电器。由表 4-3-5 可知，由 SB1、SB2、KT、KM3 和 KM1 组成 00001 特征数，因而第 3 号程序一定要用 KM1 自锁。

2）列出中间元件和执行元件的逻辑函数表达式。

根据前面已经介绍过两种逻辑函数表达式 $F_K = X_{开主} X_{开约} + (X_{关主} + X_{关约}) K$ 和 $F_K = (X_{关主} + X_{关约})(X_{开主} X_{开约} + K)$，列出逻辑函数，首先应根据状态表，找出该输出元件的工作区域，输出元件的工作区域以开启边界线和关断边界线为界。由表 4-3-4 可知，输出元件在某程序开启通电，则对应该程序的上横线为开启边界线；在某程序关断，则对应该程序的下横线为关断边界线，元件在开关边界线内应为 "1"，在边界线外应为 "0"。

3）列写逻辑函数表达式的关键是找出开启线和关断线、$X_{开主}$ 和 $X_{开约}$ 信号、$X_{关主}$ 和 $X_{关约}$ 信号。取触头信号原则如下。

① $X_{开主}$ 信号如果主令信号由常态变成受激，则取其常开（动合）触头，若相反则取其常闭（动断）触头。

② $X_{关主}$ 信号如果主令信号由常态变成受激，则取其常闭（动断）触头，若相反则取其常开（动合）触头。

③ $X_{开约}$ 信号原则上应取开启线近旁的 "1" 状态而开关边界线外尽量为 "0" 状态的输入变量。

④ $X_{关约}$ 信号原则上应取关断线近旁的 "0" 状态而开关边界线外尽量为 "1" 状态的输入变量。

4）列出的逻辑函数必须保证输出元件在开关边界线内应为 "1"，在边界线外应为 "0"，这是确定逻辑函数的依据。至于是否增加自锁环节则应根据 $X_{开主} \cdot X_{开约}$ 为 "1" 的范围而定：

① 若在开关边界线内 $X_{开主} \cdot X_{开约}$ 不能保持 "1" 状态（即为短信号），则要增加自锁环节。

② 若在开关边界线内 $X_{开主} \cdot X_{开约}$ 始终保持 "1" 状态（即为长信号），则不需要增加自锁环节。

5）写出五个执行元件 KT、KM1、KM2、KM3 和 KM4 逻辑函数表达式。

① 执行元件 KT（准备）。

根据表 4-3-4 得出工作区域为第 1 程序区。开启边界线为 SB2 上边界，开启状态由常态到受激，因此取其常开触头，$X_{开主} = SB2$；关断条件为按下 SB1 停止按钮，因此取其常闭触头，$X_{关主} = \overline{SB1}$；在 KM1 线圈得电时应断开 KT 线圈，开始断电延时，因此取 KM1 常闭触头为开启约束信号，$X_{开约} = \overline{KM1}$。SB2 对 KT 线圈而言为长信号，无需增加自锁环节，则：

$$F_{KT} = (X_{关主} + X_{关约})(X_{开主} \cdot X_{开约} + K) = \overline{SB1} \cdot SB2 \cdot \overline{KM1}$$

② 执行元件 KM3（丫联结准备）。

根据表 4-3-4 得出工作区域为第 1—2 程序区和第 4 程序区。

第 1—2 程序区的开启主信号为 SB2，$X_{开主} = SB2$；关闭主信号为 SB1，$X_{关主} = \overline{SB1}$；开启条件为 KT 触头上边界，关断条件为 KT 触头下边界，因此取其断电延时常开触头 KT，为开启约束信号，$X_{开约} = KT$；KT 为断电延时长信号，无需增加自锁环节。

第 4 程序区的开启和关闭条件为 KM4 制动接触器动作后，KM3 动作，因此可用 KM4 的常开触头作为 KM3 在第 4 程序区的开启信号，$X_{开主}$ = KM4，则：

$$F_{KM3} = \overline{SB1} \cdot SB2 \cdot KT + KM4$$

③ 执行元件 KM1（为丫/△运行接通电源）。

根据表 4-3-2 得出工作区域为第 2—3 程序区。其开启主信号为 SB2，$X_{开主}$ = SB2；关闭主信号为 SB1，$X_{关主}$ = $\overline{SB1}$；开启约束条件为 KM3 丫联结完成后，$X_{开约}$ = KM3；因 KM3 信号仅在第 2 程序区闭合，SB2 为短信号，因此需要在 KM3 和 SB2 上增加 KM1 的自锁触头，则：

$$F_{KM1} = \overline{SB1}(SB2+KM1)(KM3+KM1)$$

④ 执行元件 KM2（△联结运行）。

根据表 4-3-2 得出工作区域为第 3 程序区。其开启主信号为 SB2，$X_{开主}$ = SB2；关闭主信号为 SB1，$X_{关主}$ = $\overline{SB1}$；开启约束条件为 KM1 线圈得电后和 KM3 线圈延时断电后，因此取 KM1 常开触头信号和 KM3 常闭触头信号，$X_{开约}$ = KM1 · $\overline{KM3}$，由于 KM1 与 $\overline{KM3}$ 均为长信号，无需增加自锁环节，则：

$$F_{KM2} = \overline{SB1} \cdot SB2 \cdot (KM1 \cdot \overline{KM3})$$

⑤ 执行元件 KM4（能耗制动）。

根据表 4-3-2 得出工作区域为第 4 程序区。其开启边界线为 SB1 组合停止按钮触头上边界，开启状态由常态到受激，因此取其常开触头，$X_{开主}$ = SB1，开启约束信号为 KM1 线圈失电，因此用 KM1 常闭触头作为开启约束信号，$X_{开约}$ = $\overline{KM1}$；关断边界线为 SB1 停止按钮松开，KM1 常闭触头复位，因此 $X_{关主}$ = SB1，本信号为点动运行，无需增加自锁环节，则：

$$F_{KM4} = SB1 \cdot \overline{KM1}$$

4. 设计与绘制控制电路

根据以上逻辑函数式设计出的控制线路，如图 4-3-8 所示。

（三）检查与完善线路

1. 存在问题

通过检查图 4-3-8 可知，该控制线路存在以下问题。

1）KM2 线圈得电，电动机△运行时，与丫起动接触器 KM3 无互锁。

2）在 KT 断电延时触头未断开时，按下制动按钮 SB1，则会在控制电路中形成寄生回路，使 KT 线圈和 KM1 线圈得电动作。

2. 完善方法

1）在 KT 断电延时触头上串联 KM2 常闭触头与△运行联锁。

2）在 KT 断电延时触头上串联 KM4 常闭触头，切断寄生回路。

改进后的控制线路如图 4-3-9 所示。

四、电器元件选择

（一）选择拖动电动机

选用 Y112M—4 型三相异步电动机，具体参数见表 4-3-7。

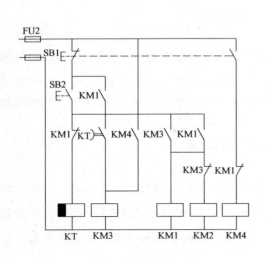

图 4-3-8　逻辑函数式设计控制线路　　　图 4-3-9　改进后的控制线路

表 4-3-7　Y112M—4 型三相异步电动机的参数

型号	额定功率 /kW	额定电流/A	转速 /(r/min)	效率 (%)	功率因数 cosφ	堵转电流与额定 电流的比值/倍	最大转矩与额定 转矩的比值/倍
Y112M—4	4	8.77	1440	76	0.75	7.0	2.2

（二）选择常用电器元件

1）熔断器型号选择。由表 4-3-8 可知电动机 M 的额定电流为 8.77A，按公式 $I_{FUN} = (1.5\sim2.5)I_N$ 选择熔体额定电流（I_{FUN}——熔体额定电流；I_N——电动机额定电流）。

FU1 选择 RL7—25/25 型熔断器，其参数为 660V、50Hz、20A。

FU2 选择 RL1—15 型熔断器，其参数为 380V、50Hz、2A。

2）热继电器型号选择。热元件整定电流按 $I_{FRN} = (0.95\sim1.05)I_N$（电动机额定电流）。

本例中 KH 选择 JR16—20/3 型热继电器（500V，11A，50Hz），其整流范围为 6.8～11A。

3）断路器型号选择 DZ5—20/380V。

4）时间继电器型号选择 JS7—3A，适用于交流 50Hz，电压 380V，断电延时。

5）接触器型号选择 CJ20—10。

6）制动电阻选择 0.5Ω，50W；整流二极管选择 2CZ30，30A，600V。

（三）列出电器元件明细表

选择电器元件的型号及规格明细，见表 4-3-8。

五、安装与调试

（一）器材准备

实施本次教学所使用的实训设备及工具材料见表 4-3-9。

表 4-3-8　电器元件的型号及规格

序号	符号	名称	型号及规格	数量	单位	用途
1	M	异步电动机	Y112M—4,380V,8.77A,50Hz	1	台	主拖动
2	FU1	熔断器	RL7—25/25,660V,20A,50Hz	3	套	主电路短路保护
3	FU2	熔断器	RL1—15,380V,2A,50Hz	2	套	控制电路短路保护
4	KH	热继电器	JR16—20/3,500V,11A,6.8—11A	1	只	过载保护
5	QS	断路器	DZ5—20,380V,20A,50Hz	1	只	设备电源引入控制开关
6	KT	时间继电器	JS7—3A,380V,50Hz	1	只	断电延时
7	KM1~KM4	接触器	CJ20—10,380V,10A	4	只	电动机运行控制
8	SB1、SB2	控制按钮	LA10—2H,500V,5A	1	套	起停控制组合按钮
9	R	制动电阻	0.5Ω,50W	1	只	限流电阻
10	V	整流电阻	2CZ30,30A,600V	1	只	整流

表 4-3-9　实训设备及工具材料表

序号	分类	名称	型号规格	数量	单位	备注
1	电源	交流	AC3×380/220V、20A	1	处	
2	劳保用品	绝缘鞋、工作服等	自定	1	套	
3	工具	电工通用工具	验电器、钢丝钳、三用钳、螺钉旋具（包括十字形、一字形）、斜口钳、镊子、电烙铁、焊锡丝等	1	套	
4	仪表	万用表	MF47 型	1	块	
5	设备器材	异步电动机	Y112M—4,380V,8.77A,50Hz	1	台	
6		熔断器	RL7—25/25,660V,15A,50Hz	3	套	
7		熔断器	RL1—15,380V,2A,50Hz	2	套	
8		热继电器	JR16—20/3,500V,11A,6.8—11A	1	只	
9		断路器	DZ5—20,380V,20A,50Hz	1	只	
10		时间继电器	JS7—3A,380V,50Hz	1	只	
11		控制按钮	LA10—2H,500V,5A	1	套	双联组合
12		制动电阻	0.5Ω,50W	1	只	
13		整流电阻	2CZ30,30A,600V	1	只	
14		接线端子牌	TD—15—20	2	条	可自定
15		配电安装箱	660mm×460mm	1	个	可自定
16	消耗材料	连接导线	BLV-2.5mm²	若干		
17		连接导线	BVR-0.75mm²	若干		
18		紧固件	M4×15mm 螺杆,螺母、平、弹簧垫圈	若干	只	
19		导轨	360mm	2	条	
20		塑料套管	φ3.5mm	若干	m	
21		号码笔	黑色 3191	1	支	可自定

（二）电路安装

根据图 4-3-5 所示主电路和图 4-3-9 所示控制线路，在配电安装箱上进行电器元件及线路的安装。

1. 安装步骤

1）选配并检查电器元件和电气设备。首先按表 4-3-9 配齐电气设备和电器元件，并逐个检验其规格和质量；根据电动机功率、线路走向及要求和各元件的安装尺寸，正确选配导线的规格、导线通道类型和数量、接线端子板、控制板、紧固件等。

2）固定电器元件和走线槽，并在电器元件附近做好与电路图上相同代号的标记。安装走线槽时，应做到横平竖直、排列整齐匀称、安装牢固便于走线等。

3）在控制板上进行板前线槽配线，并在导线端部套上编码管。

4）进行控制板外的电器元件固定和布线。首先选择合理的导线走向，做好导线通道的支持准备；其次控制箱外导线的线头必须套装与电路图相同线号的编码管，可移动导线通道应留出适当的余量；再次按规定在通道内放好备用导线。

5）自检。

① 检查电路接线是否正确和接地通道是否具有连续性。

② 检查热继电器的整定值和熔断器中熔体的规格是否符合要求。

③ 检查电动机及线路的绝缘电阻。

④ 检查电动机安装是否牢固，与生产机械传动装置连接是否可靠。

⑤ 清理安装现场。

2. 注意事项

1）电动机和线路的接地必须符合要求。禁止采用金属软管作为接地通道。

2）在控制箱外部布线时，导线必须穿在导线通道或敷设在设备的导线通道里，导线中间不允许有接头。

3）制动限流电阻与整流二极管工作中发热量较大，需要做好保护，焊接可靠，保证散热。

（三）通电调试

1）将主电路电源断开，接通控制电路的电源，检查控制电路的控制逻辑是否与控制要求一致。

2）接通电源，点动控制各电动机的起动，以检查各电动机转向是否符合要求，机械部分运转是否正常。

3）通电空载调试。空转试机时，应观察各电器元件、线路、电动机及传动装置的工作是否正常。发现异常时，应立即切断电源进行检查，待调整或修复后方可再次通电试机。

4）带负载调试。一方面观察设备带负载后是否有其他情况发生；另一方面不断调整时间继电器和热继电器整定值，使之与生产要求相适应。

➢【课题小结】

本课题的内容结构如下：

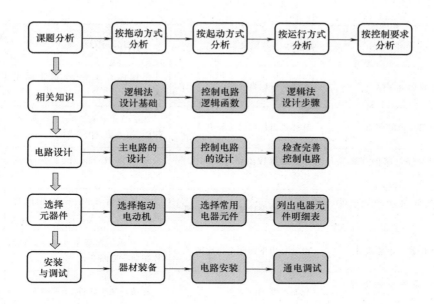

说明：

（1）本课题是设计、安装、调试最具特点的控制案例之一。学习掌握本课题的内容，有利于帮助学生认识逻辑设计法的基本原理和方法，培养学生的综合分析和设计应用能力。

（2）教学过程中应循序渐进，通过参观设备并结合实际进行讲授，注意培养学生的学习兴趣。

（3）蓝色框内为本课题的重点和难点内容，应重点讲解和指导。

（4）在技能训练过程中，教师要加强巡回指导，及时帮助学生解决问题。

（5）在安装调试过程中，教师要加强监管，预防触电事故的发生。

➤【效果测评】

根据本课题学习内容，按表 4-3-10 所列内容，对学习效果进行测评，检验教学达标情况。

表 4-3-10　考核评分记录表

考核目标	考核内容	考核要求	评分标准	配分	自评	互评	师评
知识目标（50分）	课题分析	掌握课题分析的基本内容	每项内容 1 分，全部正确得满分	5			
	状态变量规定	掌握状态变量的规定	每项内容 2 分，全部正确得满分	4			
	逻辑设计法的基本思路	掌握逻辑设计法的基本思路	每项内容 1 分，全部正确得满分	5			
	逻辑与、或、非的逻辑表达式	掌握逻辑与、或、非的逻辑表达式	逻辑"与"的表达式 2 分；逻辑"或"的表达式 2 分；逻辑"非"的表达式 2 分	6			

（续）

考核目标	考核内容	考核要求	评分标准	配分	自评	互评	师评
知识目标（50分）	逻辑运算定律	掌握逻辑运算定律	每项内容 1 分，全部正确得满分	10			
	逻辑代数的化简	掌握逻辑代数的化简方法	常量与变量关系式；合并法；吸收法；消去法；配项法	5			
	起保停电路的逻辑关系表达式	掌握起保停电路的逻辑关系表达式	逻辑函数 2.5 分，扩展公式 2.5 分	5			
	逻辑设计法的基本步骤	掌握逻辑设计法的基本步骤	每项内容 1 分，全部正确得满分	10			
能力目标（45分）	本课题主电路设计	设计画出本课题主电路图	丫/△减压起动主电路 5 分；能耗制动主电路 5 分	10			
	本课题控制电路的设计	控制电路的设计	起动控制 5 分；停止控制 5 分	10			
	电器元件明细表	准确列出电器元件明细表	表格结构正确，项目完整；电器元件种类齐全，内容正确	5			
	电路安装	按照安装步骤和要求完成电路的安装接线	接线准确；工艺美观	10			
	电路调试	按照调试步骤及要求完成电路的调试	符合调试步骤；完成电路调试	10			
安全文明（5分）		劳保用品穿戴符合劳动保护相关规定；现场使用符合安全文明生产规程		5			
总分				100			

➢【思考与训练】

1. 对一个电气控制案例进行设计，首先要对哪些因素进行分析？
2. 简述电气控制线路一般设计法的基本步骤。
3. 简述主电路设计的基本步骤。
4. 简述电气控制线路设计的基本原则和方法。
5. 简述逻辑设计法的基本步骤。
6. 简述电器元件的选择步骤和方法。

参 考 文 献

［1］ 李敬梅. 电力拖动控制线路与技能训练［M］. 4 版. 北京：中国劳动社会保障出版社，2007.

［2］ 何亚平. 工厂电气控制技术［M］. 北京：清华大学出版社，2012.

［3］ 姚建飞，张米雅. 电气控制技术［M］. 北京：北京师范大学出版社，2011.

［4］ 吴奕林，宋庆烁. 工厂电气控制技术［M］. 北京：北京理工大学出版社，2012.

［5］ 徐政. 电机与变压器［M］. 北京：中国劳动社会保障出版社，2008.

［6］ 何军. 电机维修与拆装技术［M］. 北京：电子工业出版社，2009.

［7］ 王建. 电力拖动控制线路安装与维修［M］. 北京：中国劳动社会保障出版社，2009.

［8］ 全国煤炭技工教材编审委员会. 矿山电力拖动与控制［M］. 北京：煤炭工业出版社，2006.

［9］ 熊幸明. 工厂电气控制技术［M］. 2 版. 北京：清华大学出版社，2009.

［10］ 沙启荣. 维修电工（初级技能　中级技能　高级技能）［M］. 北京：中国劳动社会保障出版社，2006.

［11］ 李仁. 电器控制［M］. 北京：机械工业出版社，1997.

读者信息反馈表

感谢您购买《电气控制技术与应用》一书。为了更好地为您服务，有针对性地为您提供图书信息，方便您选购合适的图书，我们希望了解您的需求和对我们教材的意见和建议，愿这小小的表格为我们架一座沟通的桥梁。

姓　　名		所在单位名称		
性　　别		所从事工作（或专业）		
通信地址			邮　编	
办公电话		移动电话		
E-mail				

1. 您选择图书时主要考虑的因素：（在相应项前面画√）
（　）出版社　　　（　）内容　　　（　）价格　　　（　）封面设计　　　（　）其他
2. 您选择我们图书的途径：（在相应项前面画√）
（　）书目　　　（　）书店　　　（　）网站　　　（　）朋友推介　　　（　）其他

希望我们与您经常保持联系的方式：
□电子邮件信息　　　□定期邮寄书目
□通过编辑联络　　　□定期电话咨询

您关注（或需要）哪些类图书和教材：

您对我社图书出版有哪些意见和建议（可从内容、质量、设计、需求等方面谈）：

您今后是否准备出版相应的教材、图书或专著（请写出出版的专业方向、准备出版的时间、出版社的选择等）：

非常感谢您能抽出宝贵的时间完成这张调查表的填写并回寄给我们，您的意见和建议一经采纳，我们将有礼品回赠。我们愿以真诚的服务回报您对机械工业出版社技能教育分社的关心和支持。

请联系我们——
地　　址　北京市西城区百万庄大街 22 号　机械工业出版社技能教育分社
邮　　编　100037
社长电话　（010）88379711　88379080　88379079
E-mail　jnfs@ mail. machineinfo. gov. cn